中国式为人处世经典三篇

滕 浩 选编

图书在版编目（CIP）数据

中国式为人处世经典三篇/滕浩选编．—北京：当代世界出版社，2016.11
ISBN 978-7-5090-1124-9

Ⅰ.①中… Ⅱ.①滕… Ⅲ.①人生哲学－中国－明清时代 Ⅳ.①B825

中国版本图书馆 CIP 数据核字（2016）第 158123 号

出版发行：	当代世界出版社
地　　址：	北京市复兴路 4 号（100860）
网　　址：	http：//www.worldpress.org.cn
编务电话：	（010）83907332
发行电话：	（010）83908409
	（010）83908455
	（010）83908377
	（010）83908423（邮购）
	（010）83908410（传真）
经　　销：	全国新华书店
印　　刷：	北京欣睿虹彩印刷有限公司
开　　本：	700 毫米×1000 毫米　1/16
印　　张：	19
字　　数：	220 千字
版　　次：	2017 年 1 月第 1 版
印　　次：	2017 年 1 月第 1 次
书　　号：	ISBN 978-7-5090-1124-9
定　　价：	28.80 元

如发现印装质量问题，请与承印厂联系调换。
版权所有，翻印必究；未经许可，不得转载！

目 录

小窗幽记 [明] 陈继儒 著 /1

菜根谭 [明] 洪应明 著 /99

围炉夜话 [清] 王永彬 著 /219

小窗幽记

[明] 陈继儒 著

【原文】

醒食中山之酒,一醉千日,今之昏昏逐逐,无一日不醉。趋名者醉于朝,趋利者醉于野,豪者醉于声色车马。安得一服清凉散,人人解酲。

【译文】

饮了中山人狄希酿造的酒,可以一醉千日。而今日世人迷于俗情世务,终日追逐声色名利,可说没有一日不在醉乡。好名的人醉于朝廷官位,好利的人醉于民间财富,豪富的人则醉于妙声、美色、高车、名马。如何才能获得一剂清凉的药,使人人服下获得清醒呢?

【原文】

澹泊之守,须从浓艳场中试来;镇定之操,还向纷纭境上勘过。

【译文】

淡泊清静的操守,必须在声色富贵的场合中才试得出来。镇静安定的志节,要在纷纷扰扰的闹境中考验过,才是真功夫。

【原文】

市恩不如报德之为厚,要誉不如逃名之为适,矫情不如直节之为真。

【译文】

给予他人恩惠，不如报答他人的恩德来得厚道。邀取好的名声，不如逃避名声来得自适。故意违背常情以自鸣清高，不如坦直地做人来得真实。

【原文】

使人有面前之誉，不若使人无背后之毁；使人有乍交之欢，不若使人无久处之厌。

【译文】

要他人当面赞誉自己，倒不如要他人不要在背后毁谤自己。令对方对自己产生初交的欢喜，倒不如相交久了而不令对方产生厌恶感。

【原文】

天薄我福，吾厚吾德以迎之；天劳我形，吾逸吾心以补之；天厄我遇，吾亨吾道以通之。

【译文】

命运使我的福分淡薄，我便增加我的品德来面对它；命运使我的形体劳苦，我便安乐我的心来弥补它；命运使我的际遇困窘，我便扩充我的道德使它通达。

【原文】

澹泊之士，必为浓艳者所疑；检饰之人，必为放肆者所忌。事穷势蹙之人，当原其初心；功成行满之士，要观其末路。

【译文】

　　恬静寡欲的人，必定为豪华奢侈的人所怀疑；谨慎而检点的人，必定被行为放肆的人所忌恨。一个人到了穷途末路，我们应看他当初的本心如何；一切功成行就的人，我们要看他以后会怎么继续下去。

【原文】

好丑心太明，则物不契；贤愚心太明，则人不亲。须是内精明，而外浑厚，使好丑两得其平，贤愚共受其益，才是生成的德量。

【译文】

分别美丑的心太过明确，则无法与事物相契合；分别贤愚的心太过清楚，则无法与人相亲近。内心应该明白人事的善处与缺失，处世却要仁厚相待，使美丑两方都能得到平等，贤愚都能受到益处，这才是上天生育我们的德意和心量。

【原文】

情最难久，故多情人必至寡情；性自有常，故任性人终不失性。

【译文】

情爱最难保持长久，所以情感丰富的人终会变得浅薄无情；天性本有一定的常理，所以率性而为的人终不会失去他的天性。

【原文】

真廉无名，立名者，所以为贪。大巧无术，用术者，所以为拙。

【译文】

真正的廉洁是扬弃廉洁的名声，凡是以廉洁自我标榜的人，无非是为了一个"贪"字。最大的巧妙是不使用任何方法，凡是运用种种技的人不免是笨拙的。

【原文】

谭山林之乐者,未必真得山林之趣;厌名利之谭者,未必尽忘名利之情。

【译文】

好谈山居生活之乐的人,未必真能由山林原野中得到乐趣;好在口头作厌恶名利之论的人,未必真的将名利完全忘掉了。

【原文】

伏久者,飞必高;开先者,谢独早。

【译文】

伏藏甚久的事物,一旦显露出来,必定飞黄腾达;过早开发的事物,往往也会很快地结束。

【原文】

天欲祸人,必先以微福骄之,要看他会受。天欲福人,必先以微祸儆之,要看他会救。

【译文】

天要降祸给一个人,必定先降下一些福分使他起骄慢之心,目的要看他是否懂得承受的道理。天要降福给一个人,必定先降下一些祸事来引起他的警觉,主要是看他有无自救的本领。

【原文】

世人破绽处,多从周旋处见;指摘处,多从爱护处见;艰难处，多从贪恋处见。

【译文】

世人多在与人交际应酬时，在行为上有了过失；指责对方，是出于爱护的缘故；而会觉得放不下，则是贪爱留恋所造成的。

【原文】

山栖是胜事，稍一萦恋，则亦市朝。书画赏鉴是雅事，稍一贪痴，则亦商贾。诗酒是乐事，稍一曲人，则亦地狱。好客是豁达事，稍一为俗子所挠，则亦苦海。

【译文】

山居本是愉快的事，如果起了贪恋，则与俗世没有什么不同了。爱好书画是高雅的行为，但过于无厌，则跟商人并无二致。作诗饮酒原是乐事，若是屈从他人，敷衍应付，则如同地狱。好客交友是令心胸舒畅之事，一旦成了俗人喧闹的场所，亦成了苦海。

【原文】

轻财足以聚人，律己足以服人，量宽足以得人，身先足以率人。

【译文】

不看重钱财可以集聚众人，约束自己可以使众人信服，放宽肚量便会得到他人的帮助，凡事率先去做则可以领导他人。

【原文】

从极迷处识迷，则到处醒；将难放怀一放，则万境宽。

【译文】

在最易令人迷惑的地方识破迷惑，那么无处不是清醒的状态；将最难以放下心怀的事放下，那么到处都是宽广的境界。

【原文】

大事难事看担当，逆境顺境看襟度，临喜临怒看涵养，群行群止看识见。

【译文】

逢到大事和困难的时候，可以看出一个人担负责任的勇气。遇到逆顺两境的时候，可以看出一个人的胸襟和气度。而遇到喜怒的事时，则可看出一个人的涵养。在与群众同行同止时，可以看出一个人对事物的见解和认识。

【原文】

良心在夜气清明之候，真情在箪食豆羹之间。故以我索人，不如使人自反；以我攻人，不如使人自露。

【译文】

在夜晚心境平和的时候，容易看出一个人的真心，而真实的情感在简单的饮食生活中，最能流露出来。因此与其不断去要求人家，不如使其自我反省；与其攻击他人的弱点，不如使其自我坦白错误。

【原文】

宁为随世之庸愚，勿为欺世之豪杰。

【译文】

宁可做一个顺应世人、平庸愚笨的人，也不要做一个欺骗世人、才智高超的人。

【原文】

　　清福上帝所吝，而习忙可以销福；清名上帝所忌，而得谤可以销名。

【译文】

　　清闲安逸的享受是上天所吝惜给予的，如果使自己习惯于忙碌，则可以减少这种不善的福分；美好的名声是上天所禁忌的，如果受到他人的毁谤，则可以减轻由名声所带来的负担。

【原文】

人之嗜名节，嗜文章，嗜游侠，如好酒然，易动客气，当以德消之。

【译文】

爱好声名气节，爱好文章辞藻，爱好行侠仗义的人，就像喜好喝酒一般，容易一时兴起，应该要用道德修养来改变它。

【原文】

一念之善，吉神随之；一念之恶，厉鬼随之。知此可以役使鬼神。

【译文】

一个善的念头，可以获得降福的吉神呵护，而一个恶的念头，就会招来为祸作灾的恶鬼，明白这一点便可以差使鬼神了。

【原文】

眉睫线交，梦里便不能张主；眼光落地，泉下又安得分明？

【译文】

双眼闭上，在梦里不能自作主张；眼光落到地下，想到梦中都不能自主，死后又怎能了了分明呢？

【原文】

佛只是个了仙，也是个了圣。人了了不知了，不知了了是了了；若知了了，便不了。

【译文】

佛只是个善于了却执情的神仙,也是个善于了却烦恼的圣人。人们虽然耳聪目明,却不知该了却一切烦恼,不知凡事放下便无己事;若心中还有放不下的念头,便是还未完全放下。

【原文】

剖去胸中荆棘以便人我往来,是天下第一快活世界。

【译文】

将心中自伤伤人的棘刺除去,开放平易的心胸去和人交往,是天下最令人舒畅欢喜的事了。

【原文】

居不必无恶邻,会不必无损友,惟在自持者两得之。

【译文】

选择住家不一定要避开坏邻居,聚会也不一定要除去有害的朋友。如果自己能够把持,那么即使是恶邻和损友,对自己也是有益的。

【原文】

要知自家是君子小人,只须五更头检点,思想的是什么便得。

【译文】

要知道自己是有道德的君子,还是没有品德的小人,只要在天将明时自我反省一下,看看自己所思所想到底是什么,就十分明白了。

【原文】

以理听言,则中有主;以道窒欲,则心自清。

【译文】

以理智来判断所听到的言语,则胸中自有主张;以品德的修养来摒绝私欲,则心境自然清明。

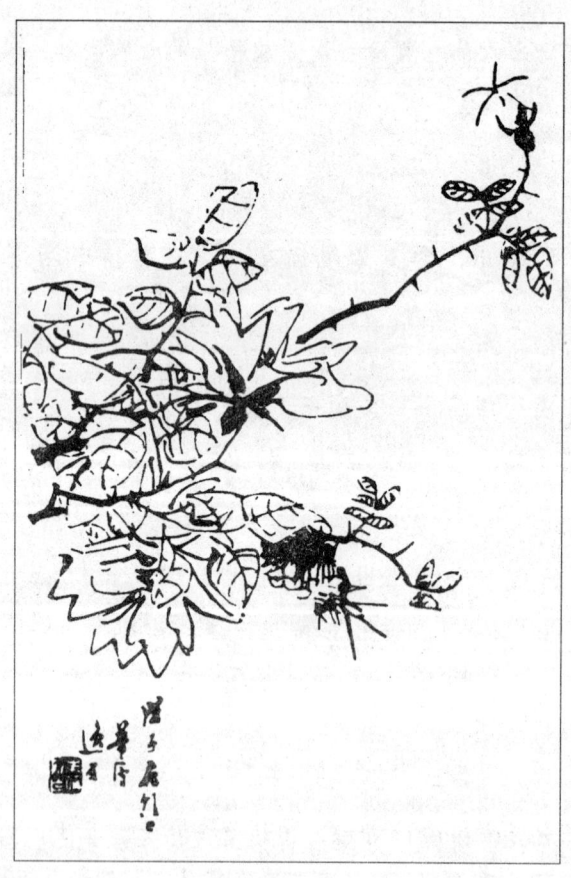

【原文】

先淡后浓,先疏后亲,先达后近,交友道也。

【译文】

交朋友的滋味要由淡薄而浓郁,由疏远而亲近,由接触而相知,这是交朋友的方法。

【原文】

形骸非亲,何况形骸外之长物;大地亦幻,何况大地内之微尘。

【译文】

身体躯壳不值得亲近,何况是身体之外带不走的东西?山河大地不过是个幻影,何况在大地上如同尘埃的我们呢?

【原文】

寂而常惺,寂寂之境不扰;惺而常寂,惺惺之念不驰。

【译文】

在寂静的状态当中,要常保持觉醒,但以不扰乱寂静的心境为优先。在觉醒的状态当中,也要常保持寂静,使得心念不至于奔驰而收束不住。

【原文】

童子智少,愈少而愈完;成人智多,愈多而愈散。

【译文】

孩童的智识并不多，但是其知识愈少，智慧却愈完整；成人的智识多，但智慧却分散而不完整。

【原文】

无事便思有闲杂念头否，有事便思有粗浮意气否；得意便思有骄矜辞色否，失意便思有怨望情怀否。时时检点得到，从多入少，从有入无，才是学问的真消息。

【译文】

没有事情的时候要反省自己是否有一些杂乱的念头出现，忙碌的时候要思考自己是否心浮气躁，得意的时候要注意自己的言行举止是否傲慢，失意的时候要反省自己是否有怨天尤人的想法。能时时这样细查自己的身心，使不良的习气由多而少，最后渐渐地完全革除，这才算是真正了解了学问的真谛。

【原文】

贫贱之人，一无所有，及临命终时，脱一厌字。富贵之人，无所不有，及临命终时，带一恋字。脱一厌字，如释重负；带一恋字，如担枷锁。

【译文】

贫穷低贱的人，什么都没有，到将要死去时，因为对贫贱的厌倦而得到一种解脱感；富有高贵的人，什么都不缺少，到将要死去时，却因对名利的迷恋而牵连不舍。因厌倦而解脱的人，死亡对他们而言好像放下重担般轻松；因眷恋而不舍的人，死亡对他们而言就如同戴上了刑具般沉重。

【原文】

透得名利关,方是小休歇;透得生死关,方是大休歇。

【译文】

看得透名利这一关,才是小休息;看得透生死的界限,才是大休息。

【原文】

多躁者，必无沉潜之识；多畏者，必无卓越之见；多欲者，必无慷慨之节；多言者，必无笃实之心；多勇者，必无文学之雅。

【译文】

心地浮躁的人，对事情一定没有深刻的见解。胆怯的人，一定没有超越一般的见解。嗜欲太重的人，必然不能有意气激昂的志节。多话的人，必定没有切实去做的决心。勇力过盛的人，往往无法兼有文学的风雅。

【原文】

佳思忽来，书能下酒；侠情一往，云可赠人。

【译文】

美好的情思突然来时，无需佳肴，有书便能佐酒；不羁的情意一发，即使手中无物，亦可以云赠人。

【原文】

人不得道，生死老病四字关，谁能透过？独美人名将，老病之状，尤为可怜。

【译文】

人若对生命不能大彻大悟，生、老、病、死这四个生命的关卡，又有谁能看得破？尤其是倾国倾城的美人和叱咤一时的名将，他们的老病情状，更使人感到生命的无奈和可怜。

【原文】

真放肆不在饮酒高歌,假矜持偏于大庭卖弄。看明世事透,自然不重功名;认得当下真,是以常寻乐地。

【译文】

真正地不拘于规矩礼数,并不一定要饮酒狂歌,虚假的庄重在大庭广众卖弄,既做作又不自然。能将世事看得透彻,自然不会过于重视功名;只要即时明白什么是最真实的,就能寻到让心性感到怡悦的天地。

【原文】

人生待足何时足,未老得闲始是闲。

【译文】

人生活在世上若是一定要得到满足,到底何时才能真正满足呢?在还未老的时候,能得到清闲的心境,才是真正的清闲。

【原文】

云烟影里见真身,始悟形骸为桎梏;禽鸟声中闻自性,方知情识是戈矛。

【译文】

在云影烟雾中领悟到真正的自己,始明白肉身原来是拘束人的东西;在鸟鸣声中听见了自己的本性,才知道感情和妄见原来是攻击人的戈矛。

【原文】

明霞可爱,瞬眼而辄空;流水堪听,过耳而不恋。人能以明霞视美色，则业障自轻；人能以流水听弦歌，则性灵何害。

【译文】

明丽的云霞十分可爱，但是转眼之间就消失了。流水之音十分好听，但是听过也就不再留恋。人如果能以观赏明霞的心来欣赏美人的姿色，那么因色而起的障碍自然就会减轻；如果能以听流水的心情来听弦音歌唱，那么弦歌又何害于我们的性灵呢？

【原文】

寒山诗云：有人来骂我，分明了了知，虽然不应对，却是得便宜。此言宜深玩味。

【译文】

寒山子的诗说："有人跑来辱骂我，我虽然听得十分清楚，却没有任何反应，因为我了解自己已经由此得了很大的好处。"这句话很值得我们深深地品味。

【原文】

有誉于前，不若无毁于后；有乐于身，不若无忧于心。

【译文】

在面前有赞美的言词，倒不如在背后没有毁谤的言论；在身体上感到舒适快乐，倒不如在心中无忧无虑。

【原文】

会心之语，当以不解解之；无稽之言，是在不听听耳。

【译文】

能够互相心领神会的言语，不应当从言语上来了解它。未经查证的话，应当任它由耳边流过，而不要相信它。

【原文】

花繁柳密处拨得开，才是手段；风狂雨急时立得定，方见脚根。

【译文】

在繁花似锦、柳密如织的美好境遇中，若能不受束缚，来去自如，才是有办法的人。在狂风急雨、挫折潦倒的时候能站稳脚跟，而不被吹倒，才是真正有原则的人。

【原文】

议事者身在事外，宜悉利害之情；任事者身居事中，当忘利害之虑。

【译文】

议论事情的人并不直接参与其事，所以能洞悉事情的利害得失。办理事情的人本身就在负责此事，应当忘却利害的顾虑，否则就无法将事情办好。

【原文】

谈空反被空迷，耽静多为静缚。

【译文】

喜好谈论空寂之道的人，往往反被空寂所迷惑。耽溺在静境的人，反为静寂所束缚。

【原文】

贫不足羞，可羞是贫而无志；贱不作恶，可恶是贱而无能；老不足叹，可叹是老而虚生；死不足悲，可悲是死而无补。

【译文】

贫穷并不是值得羞愧的事，贫穷而没有志向才是羞耻的事。地位卑贱并不是令人厌恶的原因，可恶的是地位卑贱还不知充实自己的能力。年老并不值得叹息，值得叹息的是年老而一无所成。死也不值得悲伤，令人悲伤的是死去而对世人毫无贡献。

【原文】

彼无望德，此无示恩，穷交所以能长。望不胜奢，欲不胜餍，利交所以必伤。

【译文】

对方并不期望得到什么利益，我也不会故示恩惠，这是穷朋友能长久交往的原因。老是想有所获得，欲望又永远无法满足，这是以利益来结交朋友必然会反目的原因。

【原文】

情语云：当为情死，不当为情怨。关乎情者，原可死而不可怨者也。虽然既云情矣，此身已为情有，又何忍死耶？然不死终不透彻耳。君平之柳，崔护之花，汉宫之流叶，蜀女之飘梧，令后世有情之人咨嗟想慕，托之语言，寄之歌咏。而奴无昆仑，客无黄衫，知己无押衙，同志无虞侯，则虽盟在海棠，终是陌路萧郎耳。

【译文】

有人说：应当为情而死，却不应当因情而生怨。有关于感情的事，原本就是可为对方而死，而不应当生怨心的。虽然这么说，但既然身在情中，又怎么忍心去死呢？然而，不死总不见情爱的深刻。韩君平的章之柳，崔护的人面桃花，发生在宫廷御沟的红页题诗，以及因梧页夫妻再见的故事，都使后世有情的人叹息羡慕。这种羡慕的情景，或者写成文字记载下来，或者表现在歌曲咏叹当中。然而，既无能飞檐走壁的昆仑奴，又无身着黄衫的豪客，没有如古押衙一般的知己，又无像虞侯一般的同志，那么，即使以海棠作为誓约，终免不了要分离的命运。

【原文】

费长房缩不尽相思地，女娲氏补不完离恨天。

【译文】

费长房的缩地术，无法将相思的距离缩尽；女蜗的五色石，也无法将离人破碎的情天补全。

【原文】

枕边梦去心亦去，醒后梦还心不还。

【译文】

一入梦中,心便随着梦境到达他的身边;醒来之时,心却没有随着梦回来。

【原文】

阮籍邻家少妇,有美色,当垆沽酒,籍常诣饮,醉便卧其侧。隔帘闻坠钗声,而不动念者,此人不痴则慧,我幸在不痴不慧中。

【译文】

阮籍邻家有个十分美貌的少妇,当垆卖酒,阮籍常去饮酒,醉了便睡在她的身旁。遇到这种情形,若是隔着帘子听到玉钗落地的声音,而心中不起邪念的,这个人不是痴人便是绝顶聪明的人,我幸亏是个不痴也不慧的人。

【原文】

慈悲筏济人出相思海,恩爱梯接人下离恨天。

【译文】

以慈悲作筏,渡出这相思形成的大海;以恩爱为梯子,接人走下这满布离恨的天空。

【原文】

花柳深藏淑女居,何殊三千弱水;雨云不入襄王梦,空忆十二巫山。

【译文】

　　幽静而美好的女子,她的深闺锁在花丛柳荫的深处,就好像蓬莱之外三千里的弱水,有谁能渡?行云布雨的神女,不来襄王的梦里,就算空想巫山十二峰,又有什么用呢?

【原文】

　　黄叶无风自落,秋云不雨长阴。天若有情天亦老,摇摇幽恨难禁。惆怅旧欢如梦,觉来无处追寻。

【译文】

黄叶会在无风时独自飘零,秋日虽不下雨,却总被云所覆盖而显得阴沉。天如果有感情,也会因情愁而日渐衰老,这种在心中无所附着的幽怨真是难以承受啊!回想旧日的欢乐,仿佛在梦中一般,更添人无限的愁绪,梦醒来后,又要到何处才能找回往日的欢乐呢?

【原文】

吴妖小玉飞作烟,越艳西施化为土。

【译文】

吴宫妖冶的小玉已经化作飞烟,就是越国美艳的西施也已成为尘土。

【原文】

几条杨柳,沾来多少啼痕;三叠阳关,唱彻古今离恨。

【译文】

几条柳枝,沾上了多少离人的泪水;反复的《阳关曲》,唱尽了古今分离时的幽怨。

【原文】

弄绿绮之琴,焉得文君之听;濡彩毫之笔,难描京兆之眉;瞻云望月,无非凄怆之声;弄柳拈花,尽是销魂之处。

【译文】

拨弄着诉爱的琴,如何能得到像卓文君一般解音的女子来聆听?濡湿了画眉的彩笔,却难得到像张敞那般温柔恩爱的人儿,来为她画眉。

抬头望见浮云明月，耳中所闻的无非是悲伤的声音；攀柳摘花，处处是魂梦无依的地方。

【原文】

豆蔻不消心上恨，丁香空结雨中愁。

【译文】

少女心中的幽恨难解，为的是那丁香花在雨中徒然愁怨地开着。

【原文】

填平湘岸都栽竹，截住巫山不放云。

【译文】

应将湘水的两岸填平，种满了斑竹；更应把巫山的云截下，永远都不放走。

【原文】

那忍重看娃鬓绿，终期一遇客衫黄。

【译文】

哪忍在镜前反复地赏玩李娃那青春的美貌和乌黑光亮的秀发，只希望能像霍小玉一般遇到黄衫的豪士，将那负情的人带回。

【原文】

幽情化而石立，怨风结而冢青；千古空闺之感，顿令薄幸惊魂。

【译文】

深情化为望夫石，幽风凝成坟上草，千古以来独守空闺的怨恨，真令负心的男子为之心惊。

【原文】

良缘易合，红叶亦可为媒；知己难投，白璧未能获主。

【译文】

美满的姻缘容易结合时，即使是红叶都可以成为媒人；然而逢到知己难以投合时，即使抱着美玉，也难得到赏识的人。

【原文】

蝶憩香风,尚多芳梦;鸟沾红雨,不任娇啼。

【译文】

当蝴蝶还能在春日的香风中憩息时,青春的梦境还是芬芳而美好的;一旦鸟的羽毛沾上吹落的花瓣时,它的啼声便凄切而不忍卒听了。

【原文】

无端饮却相思水,不信相思想煞人。

【译文】

无缘无故地饮下了相思之水,不相信真会教人想念至死。

【原文】

陌上繁华,两岸春风轻柳絮;闺中寂寞,一窗夜雨瘦梨花。芳草归迟,青驹别易;多情成恋,薄命何嗟?要亦人各有心,非关女德善怨。

【译文】

路旁的花都已开遍,河畔的春风吹起柳絮,深闺中的寂寞,就如一夜风雨的梨花,使人迅速消瘦。骑着马儿分别是何等容易的事,但望断芳草路途,人儿却迟迟不归。就因为多情而致依依不舍,命运之违嗟叹又有何用?因为人的心中各自怀有情意,并不是女人天生就善于怨恨啊!

【原文】

幽堂昼深,清风忽来好伴;虚窗夜朗,明月不减故人。

【译文】

幽静的厅堂,白昼显得特别深长,忽然吹来一阵清风,仿佛是我的友伴一般亲切。打开的窗子,显出夜色的清朗,明月的容颜,如同故人的情意一般丝毫不减。

【原文】

初弹如珠后如缕,一声两声落花雨;诉尽平生云水心,尽是春花秋月语。

【译文】

落花时节所下的雨,初打在花瓣上听来仿佛珠落玉盘,再听却是细丝不坠,似乎在倾诉一生如云似水的心情,听来无非都是良辰美景时的情话。

【原文】

峭今天下皆妇人矣。封疆缩其地,而中庭之歌舞犹喧;战血枯其人,而满座貂蝉之自若。我辈书生,既无诛乱讨贼之柄,而一片报国之枕,惟于寸楮尺字间见之。使天下之须眉面妇人者,亦耸然有起色。

【译文】

今日天下还有哪个男儿可称得上是大丈夫呢?无非都是一些妇人罢了,眼看着国土逐渐被敌人侵吞,然而厅堂中仍是一片笙歌,战士的血都因流尽而枯干了,朝廷中的官员却仿佛无事一般。我们读书人,虽没有诛平乱事讨伐贼人的权柄,只有将报效国家的赤忱,在文字上加以表现,使天下枉为男子汉的人,因惊动而有所改进。

【原文】

人不通古今,襟裾马牛;士不晓廉耻,衣冠狗彘。

【译文】

人如果不知通达古今的道理,就如同穿着衣服的牛马一般;读书人如果不明白廉耻,就像穿衣戴帽的猪狗一样。

【原文】

苍蝇附骥，捷则捷矣，难辞处后之羞；茑萝依松，高则高矣，未免仰扳之耻。所以君子宁以风霜自挟，毋为鱼鸟亲人。

【译文】

苍蝇依附在马的尾巴上，速度固然快极了，但却洗不去黏在马屁股后面的羞愧；茑萝绕着松树生长，固然可以爬得很高，但也免不了攀附依赖的耻辱。所以，君子宁愿挟风霜以自励，也不要像缸中鱼、笼中鸟一般，涎着脸亲附于人。

【原文】

平民种德施惠，是无位之公卿；仕夫贪财好货，乃有爵之乞丐。

【译文】

一般的百姓若能多做善事，施惠与人，虽然并无官位，其心却可比公卿。在朝的官员若贪污图利，虽有地位，其心却如同乞丐一般。

【原文】

一失脚为千古恨，再回头是百年人。

【译文】

一时不慎而犯下的错误会造成终身的遗憾，等到发觉后悔时，已是事过年衰，无可挽回了。

【原文】

圣贤不白之衷，托之日月；天地不平之气，托之风雷。

【译文】

圣贤所不曾表明的心意,已托付于日月。天地间因不平而生的怒气,却表现在风雷上。

【原文】

亲兄弟折箸,璧合翻作瓜分;士大夫爱钱,书香化为铜臭。

【译文】

亲如手足的兄弟如果不团结,即使原本如同美玉一般有价值,分开也如瓜果一般不值钱。读书人太过于爱财,书中的道理也会化为金钱的臭味。

【原文】

心为形役,尘世马牛;身被名牵,樊笼鸡鹜。

【译文】

人心如果成为形体的奴隶,那么就如同牛马一般活在世上。倘若身心为声名所束缚,那么就如同关在笼中的鸡鸭一样了。

【原文】

待人而留有余不尽之恩,可以维系无厌之人心;御事而留有余不尽之智,可以提防不测之事变。

【译文】

对待他人要留一些多余而不竭尽的恩惠,这样才可以维系永远不会满足的人心。处理事情要保留多余而不会竭尽的智慧,这样才可以预防无法预测的变故。

【原文】

宇宙内事,要担当,又要善摆脱。不担当,则无经世之事业;不摆脱,则无出世之襟期。

【译文】

世间的事,既要能够承担负担,又要善于解脱牵绊。若是不能承担,便无法有改善世间的事业;如果不善于解脱牵绊,则无法有超出世间的胸怀。

【原文】

任他极有见识，看得假认不得真；随你极有聪明，卖得巧藏不得拙。

【译文】

任凭他对事物有多少见解，却常常只看到假处，看不到真处。不管你多么机警聪明，往往只能表现出巧妙之处，而藏不住背后的笨拙。

【原文】

种两顷附郭田，量晴较雨；寻几个知心友，弄月嘲风。

【译文】

在城郊种几块田地，计算着晴雨和气候的变化。交几个知心朋友，玩赏明月清风，欣赏彼此的文章。

【原文】

放得俗人心下，方可为丈夫；放得丈夫心下，方名为仙佛；放得仙佛心下，方名为得道。

【译文】

能放得下世俗之心，方能成为真正的大丈夫；能放得下大丈夫之心，方能称为仙佛；能放得下成仙成佛之心，方能彻悟宇宙的真相。

【原文】

执拗者福轻，而圆融之人其禄必厚；操切者寿夭，而宽厚之士其年必长。故君子不言命，养性即所以立命；亦不言天，尽人自可以回天。

【译文】

性情固执乖戾的人福气很少，而性情圆满融通的人禄命十分丰厚。做事急躁的人寿命短促，而性情宽容沉厚的人寿命长远。所以，君子不谈论命运，修养心性便足以安身立命，亦不讨论天意，因为，尽人事便足以改变天意。

【原文】

达人撒手悬崖，俗子沉身苦海。

【译文】

通达生命之道的人能够在极危险的境地放手离去，凡夫俗子则沉没在世间的种种苦恼中难以脱离。

【原文】

身世浮名余以梦蝶视之，断不受肉眼相看。

【译文】

人世的虚浮声名，我把它当作有如庄周梦蝶一般，只是事物的变幻，绝不会去看它一眼。

【原文】

士人有百折不回之真心，才有万变不穷之妙用。

【译文】

一个人对任何事都具有百折不挠的坚贞心志，逢到任何变化才有应付裕如的运用力。

【原文】

立业建功，事事要从实地着脚；若少慕声闻，便成伪果。讲道修德，念念要从处处立基；若稍计功效，便落尘情。

【译文】

创立事业，建立功绩，都要踏实地做，如果稍微有羡慕声名的想法，便会使原有的成果变得虚假不实。穷究道理，修养德性，时时都要从安身立命之处下功夫，如果稍微有计较功效的念头，便落入了世俗的尘垢之念。

【原文】

学者有假兢业的心思，又要有假潇洒的趣味。

【译文】

求学的人应该既要有认真对待学业的心情，又要有不拘泥、不迂腐的态度。

【原文】

无事如有事时提防，可以弭意外之变。有事如无事时镇定，可以消局中之危。

【译文】

在平安无事时，要有所预防，好像随时都会发生事情一般，这样才能消弭意外发生的变化。在发生危机时，要保持镇定的态度，好像没有发生事情一样，才能化险为夷。

【原文】

穷通之境未遭，主持之局已定；老病之势未催，生死之关先破。求之今人，谁堪语此？

【译文】

在还未遭受贫穷或显达的境遇时，便先确立自我生命的方向；在还未受到年老和疾病的折磨时，预先看破生死的道理。在当今的社会，能和谁谈论这些呢？

【原文】

枝头秋叶,将落犹然恋树;檐前野鸟,除死方得离笼。人之处世,可怜如此。

【译文】

秋天树枝上的黄叶,即使将要落下,仍然眷恋着枝头。屋檐下的野鸟,除非死去,否则不肯离开它的巢。人生在世,就像这秋叶与野鸟一般可怜。

【原文】

舌存,常见齿亡;刚强终不胜柔弱。户朽,未闻枢蠹;偏执岂及乎圆融。

【译文】

舌头还存在的时候,往往牙齿都已掉光了,可见刚强总是胜不过柔弱。当门户已朽败时,却不见门轴为蠹虫所侵毁,可见偏执总是比不上圆融。

【原文】

声应气求之夫,决不在于寻行数墨之士;风行水上之文,决不在于一句一字之奇。

【译文】

心意相投的好友,绝不必经由文字斟酌才能互相了解。自然天成的文章,不在于一句或一字的奇特。

【原文】

才智英敏者,宜以学问摄其躁;气节激昂者,当以德性融其偏。

【译文】

才华和智慧敏捷出众的人,最好能用学问来收摄浮躁之气。志气和节操过于激烈高亢的人,应当修养德性来融和个性偏激的地方。

【原文】

居轩冕之中,要有山林的气味;处林泉之下,常怀廊庙的经纶。

【译文】

在朝为官显达之时,必须要有山间隐士那股清高的志趣。闲居在野的居士和隐者,也应怀抱治理国家的长才,不可忽略国家大事。

【原文】

少言语以当贵,多著述以当富,载清名以当车,咀英华以当肉。

【译文】

以少说话为贵,多著书立说为富有;把极好的清名当作车,美好的文章当作肉。

【原文】

要做男子,须负刚肠;欲学古人,当坚苦志。

【译文】

要做个真正的大丈夫,必须有一副刚毅不阿的心肠。想要学习古人,应当坚定吃苦耐劳的志向。

【原文】

荷钱榆荚,飞来都作青蚨;柔玉温香,观想可成白骨。

【译文】

荷叶和榆荚,就是我囊中的金钱。柔美的女子,通过时空的想象,不过是白骨一堆。

【原文】

烦恼场空,身住清凉世界;营求念绝,心归自在乾坤。

【译文】

将烦恼的世界看破了,此身便能安住在清凉无比的世界里;营营求取的念头断绝了,此心便能在天地间获得自在。

【原文】

斜阳树下,闲随老衲清谭;深雪堂中,戏与骚人白战。

【译文】

夕阳斜照时,闲适地和老和尚在树下谈论佛理;在下着大雪的日子里,与诗人文士们在厅堂中戏作禁体诗取乐。

【原文】

宁为真士夫,不为假道学;宁为三摧玉折,不作萧敷艾荣。

【译文】

宁愿做一个真正的读书人,而不做一个伪装有道德学问的人。宁愿像兰草一般摧折,美玉一般粉碎,也不要像贱草萧艾生长得很茂盛。

【原文】

觑破兴衰究竟,人我得失冰消;阅尽寂寞繁华,豪杰心肠灰冷。

【译文】

看破了人世兴衰最后的结果，就能使种种得失之心如冰块一般消溶。看尽了冷清寂寞和奢侈繁华的情景，便可使定要成为英勇豪杰的心肠如灰烬一般冷却。

【原文】

名山乏侣，不解壁上芒鞋；好景无诗，虚怀囊中锦字。

【译文】

山水名胜，如果缺乏知心伴侣同游，也要任草鞋挂在墙壁上，不想拿下来穿。面对美好的风景，却无法写出一首好诗，就算带着锦囊也是徒然。

【原文】

是技皆可成名天下，惟无技之人最苦；片技即足自立天下，惟多技之人最劳。

【译文】

只要有特殊的本领，就可以在世上建立声名，惟有那没有一技之长的人活得最痛苦。只要专精一种技能，便足以凭自己的力量过活，但是，会的技能太多，反而活得很辛劳。

【原文】

着屐登山，翠微中独逢老衲；乘桴浮海，雪浪里群傍闲鸥。才士不妨泛驾，辕下驹吾弗愿也；诤臣岂合模棱，殿上虎君无尤焉。

【译文】

　　穿着草鞋登山,在青翠的山色中单独遇见了老和尚;乘着木筏在海上漂流,雪白的浪花里栖息着成群的海鸥。有才能的人不妨到山巅海涯去过日子吧!像车辕下面驹马那般拘束的生活,实在不是我心所愿啊!作为一个直言进谏的臣子,怎能说一些模棱两可的话呢?坐在殿上像老虎一般威猛的君主,难道不会生气吗?

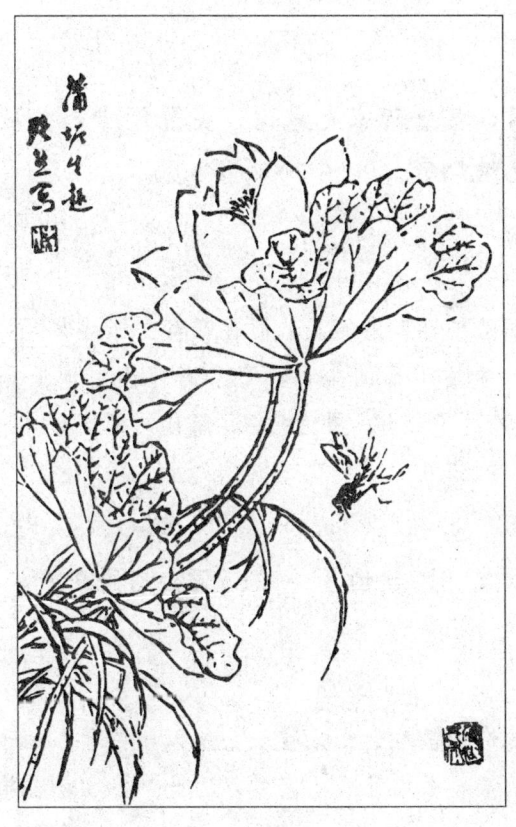

【原文】

吟诗劣于讲书，骂座恶于足恭。两而揆之，宁为薄幸狂夫，不作厚颜君子。

【译文】

讲解书中的道理好像比吟诗更容易令人有所得，在座上对人破口大骂，看来当然比过分恭敬要坏得多。然而，两相比较之下，宁愿做个轻薄狂狷的人，也不要做个厚脸皮的君子。

【原文】

魑魅满前，笑著阮家无鬼论；炎嚣阅世，愁披刘世北风图。气夺山川，色结烟霞。

【译文】

眼前尽是阴险狡诈如鬼的人，而阮瞻却主张无鬼论，真是可笑。看着这喧喧攘攘、争逐不已的尘世，不禁满怀忧愁地披览刘褒的"北风图"，它的气势盖过了山川，墨色纠结了烟霞的郁气。

【原文】

至音不合众听，故伯牙绝弦；至宝不同众好，故卞和泣玉。

【译文】

格调太高的音乐很难让众人接受，所以，伯牙在钟子期死后便不再弹琴。最珍贵的宝物很难让众人喜爱，因此，卞和才会抱着玉在荆山下面哭泣。

【原文】

世人白昼寐语，苟能寐中作白昼语，可谓常惺惺矣。

【译文】

世上的人白日里尽讲些梦话，倘若能在睡梦中讲清醒时该讲的话，这人可说是能常常保持觉醒的状态了。

【原文】

拨开世上尘氛，胸中自无火炎冰兢；消却心中鄙吝，眼前时有月到风来。

【译文】

能放下尘世的纷扰，心中就不会像火炙一般焦灼渴望，也不会如履薄冰一般不安恐惧；除去心中的卑鄙与吝啬，已然可以感受到如同清风明月一般的心境。

【原文】

才子安心草舍者，足登玉堂；佳人适意蓬门者，堪贮金屋。

【译文】

有才能的读书人，若能安居在茅草搭成的屋子中，那么，他就足以担任朝廷的官职。美丽的女子能不嫌贫爱富，肯嫁到贫家的，就值得令人为她建造金屋。

【原文】

喜传语者，不可与语；好议事者，不可图事。

【译文】

喜欢把听到的话到处说给别人知道的人,最好少和他讲话。一天到晚喜好议论事情的人,不要和他一起计划事情。

【原文】

昨日之非不可留，留之则根烬复萌，而尘情终累乎理趣。今日之是不可执，执之则渣滓未化，而理趣反转为欲根。

【译文】

过去犯下的错误不可再留下一点，否则，会使已改的错误行为再度萌生，这就因俗情而使理想趣味受到连累了。今日认为正确而喜爱的生活、事物，不可太执着，太执着就是尚未得到理趣的神髓，反而会使理趣转变成欲望的根苗。

【原文】

玄奇之疾，医以平易；英发之疾，医以深沉；阔大之疾，医以充实。

【译文】

好以之奇特炫耀于人的毛病，要用简易平实来医治；好把才智表现在外的毛病，要用深刻沉潜来矫正。言行迂阔、大而无当的毛病，要以充实的内涵来改正。

【原文】

人常想病时，则尘心便减；人常想死时，则道念自生。

【译文】

人常常想到生病的时候，许多的尘劳爱想就会一扫而空；人常常想到死亡之时，则追求真实而永恒生命的念头便自然而生。

【原文】

恩爱吾之仇也，富贵身之累也。

【译文】

恩情蜜爱是我的仇敌，富贵荣华足以拖累身心。

【原文】

人生有书可读，有暇得读，有资能读，又涵养之如不识字人，是谓善读书者，享世间清福，未有过于此也。

【译文】

人生在世，若能有书可读，又能有空闲的时间读书，同时又不缺钱买书；虽然读了许多书，却自我修养得丝毫不被文字、学问所拘限，就可说是善于读书的人了。能享世间清闲之福的，恐怕没有能超过这个了。

【原文】

古之人，如陈玉石于市肆，瑕瑜不掩。今之人，如货古玩于时贾，真伪难知。

【译文】

古代的人，就好像陈列在市场店铺之中的玉石，无论过失或美德都不加以掩饰。现代的人，就好像向商人买的古玩，是真是假很难知道。

【原文】

己情不可纵，当用逆之法制之，其道在一忍字。人情不可拂，当用顺之法制之，其道在一恕字。

【译文】

本身的情念欲望不可太放纵，应当自我限制，主要的方法就在一个"忍"字。他人所要求的事情有时不可拂逆，这时就要顺着对方的愿望，而自己要怀着宽恕谅解的心情。

【原文】

人言天不禁人富贵，而禁人清闲，人自不闲耳。若能随遇而安，不图将来，不追既往，不蔽目前，何不清闲之有？

【译文】

有人说：老天不禁止人富贵荣达，却禁止人过得清闲自在。其实，只是人自己不肯清闲下来罢了。如果能安于所处的环境，不图谋将来，不追悔过去，也不被眼前的事物所蒙蔽，那么，哪有不清闲的道理呢？

【原文】

观世态之极幻，则浮云转有常情；咀等味之昏空，则流水翻多浓旨。

【译文】

观看世间种种情态变幻无常，天上的浮云，反而比人情世态还更有常情可循；咀嚼世间滋味昏昧空洞，倒不如潺潺的流水，更能说明深厚的意旨。

【原文】

贫士肯济人，才是性天中惠泽；闹场能笃学，方为心地上功夫。

【译文】

贫穷的人肯帮助他人，才是天性中的仁惠与德泽；在喧闹的环境中，仍能笃实地学习，才算是在心境上下了功夫。

【原文】

了心自了事,犹根拔而草不生;逃世不逃名,似膻存而蚋还集。

【译文】

能在心中将事情了结,事情便自会结束,就好像把根拔掉了,草就不会再生长一样;虽然逃离尘世,隐居山林,但是,内心仍对名声恋恋不忘,就好像没有将腥膻的气味完全除去,还是会招惹蚊蝇一样。

【原文】

风流得意,则才鬼独胜顽仙;孽债为烦,则芳魂毒于虐祟。

【译文】

论到举止潇洒,能得风雅浪漫的情趣之处,有才气的鬼尤胜过冥顽不灵的仙人。但是,就情债之为孽障而言,美丽的女子却比凶恶的神鬼还要厉害。

【原文】

事理因人言而悟者,有悟还有迷,总不如自悟之了了。意兴从外境而得者,有得还有失,总不如自得之休休。

【译文】

若是因他人的话而领悟事情的道理,将来一定还会再迷惑,总不如由自己亲身领悟来得清楚分明。由外界环境而产生的意趣和兴味,将来还会再失去,总不如自得于心能得到真正的快乐。

【原文】

豪杰向简淡中求，神仙从忠孝上起。

【译文】

才智出众的人要从简单平淡中去求，要成为神仙先要从"忠孝"二字上做起。

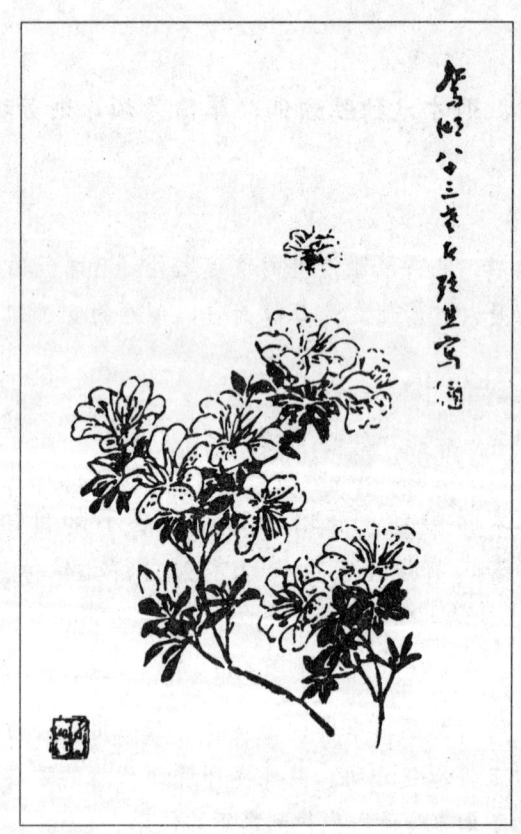

【原文】

招客留宾,为欢可喜,未断尘世之扳援。浇花种树,嗜好虽清,亦是道人之魔障。

【译文】

招呼、款待宾客,虽然大家十分欢乐,却是无法了断尘情的攀缘。喜欢浇浇花、种种树,这种嗜好虽然十分清雅,但也是修道的障碍。

【原文】

灵天下有一言之微,而千古如新;一字之义,而百世如见者,安可泯灭之?放风、雷、雨、露,天之灵;山、川、民、物,地之灵;语、言、文、字,人之灵。此三才之用,无非一灵以神其间,而又何可泯灭之?

【译文】

天下有像一句话那么微小,留传千古之后,听来犹感觉新颖而毫不陈旧的;有一字的意义,百世之后读它,还仿佛亲眼看见一般真实的。像这些,怎么可以让它消灭呢?风、雷、雨、露为天的灵气;山、川、民、物为地的灵气;语、言、文、字则是人的灵气。仔细观察天、地、人三才所呈现出来的种种现象,无非是"灵"使得它们神妙难尽,我们岂可让这个灵性消失泯灭呢?

【原文】

闭门阅佛书,开门接佳客,出门寻山水,此人生三乐。

【译文】

将门关起来阅读佛经,开门迎接志趣相投的友人,出门寻找美好的山水,这是人生三大乐事。

【原文】

眼里无点灰尘,方可读书千卷;胸中没些渣滓,才能处世一番。

【译文】

眼中没有一点成见,才可以广涉众籍。胸怀中对人对事能不生不满或执情,处世才能圆融。

【原文】

不作风波于世上,自无冰炭到胸中。

【译文】

不对人世间的欲望作无尽的追求,既没有受挫折时寒冷如冰的感觉,也没有追求时热烈如炭的心情。

【原文】

无事而忧,对景不乐,即自家亦不知是何缘故,这便是一座活地狱,更说什么铜床铁柱,剑树刀山也。

【译文】

没什么事却烦恼不已,对着良辰美景一点也不快乐,连自己也不知道为什么会如此,这样的人如同生活在地狱中一般,何必再说什么地狱中的热铜床、烧铁柱,以及插满剑的树和插满刀的山呢?

【原文】

必出世者,方能入世,不则世缘易坠。必入世者,方能出世，不则空趣难持。

【译文】

一定要有出世的襟怀，才能深入世间。否则，在尘世中便易受种种攀缠而坠落。一定要深入世间，才能真正地出世，否则，就不容易长久地待在空的境界里。

【原文】

人有一字不识，而多诗意；一偈不参，而多禅意；一勺不濡，而多酒意；一石不晓，而多画意。淡宕故也。

【译文】

有的人一个字都不认识，却很有诗意；一句佛偈都不会推寻，却饶富禅意；一滴酒也不会沾唇，却满怀酒趣；一块石头也不观察，却满眼画意。这是因为他淡泊而无拘无束的缘故。

【原文】

眉上几分愁，且去观棋酌酒；心中多少乐，只来种竹浇花。

【译文】

眉间有几分愁意时，暂且去看人下棋，不然就浅酌几杯。心中的快乐，在种竹浇花中便能充分获得。

【原文】

完得心上之本来，方可言了心；尽得世间之常道，才堪论出世。

【译文】

能够见到自己本来的面目，才算是明了心的本体。能够透彻世间不变的道理，才足以谈论出世。

【原文】

调性之法，急则佩韦，缓则佩弦。谱情之法，水则从舟，陆则从车。

【译文】

调整个性的方法，性子急的人就在身上佩带熟皮，警惕自己不可过于急躁；性子缓的人就在身上佩带弓弦，警惕自己要积极行事。调适性情的方法，要像在水上坐舟船、在陆地乘车一般自然，才能适才适性。

【原文】

好香用以熏德，好纸用以垂世，好笔用以生花，好墨用以焕彩，好茶用以涤烦，好酒用以消忧。

【译文】

好香用来熏陶自己，使德性美好，好纸用来写垂世不朽的文字，好笔用来写下美好的篇章，好墨用来描绘令人激赏的好画，好茶用来涤除烦闷，好酒则用来消除忧郁。

【原文】

破除烦恼，二更山寺木鱼声；见澈性灵，一点云堂优钵影。

【译文】

聆听二更时山中寺庙的木鱼声，烦恼为之消失。看到佛堂里的青莲花，本性和智慧都有了透彻的领悟。

【原文】

人生莫如闲，太闲反生恶业；人生莫如清，太清反类俗情。

【译文】

人生没有比闲适更好的了，但是，太闲适反而会做出不善的事情。

人生也没有比清高更好的了,但是,太清高反而落得矫俗声名。

【原文】

胸中有灵丹一粒,方能点化俗情,摆脱世故。

【译文】

胸中有一颗昭昭灵明之心,才能变化心中的世俗之情,摆脱种种心机,超出世事。

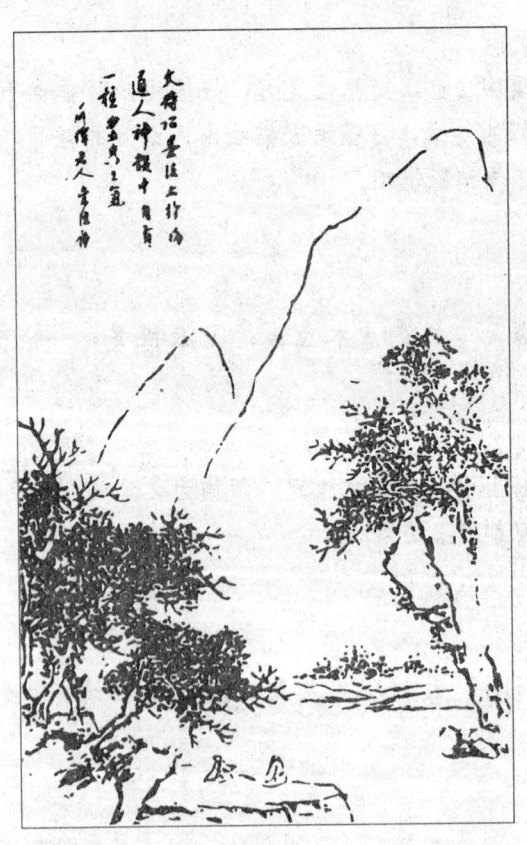

【原文】

无端妖冶，终成泉下骷髅；有分功名，自是梦中蝴蝶。

【译文】

艳丽妩媚的美人，终将成为九泉之下的白骨。功名纵然有分，无非是梦中之蝶，醒来尽成虚幻。

【原文】

独坐禅房，潇然无事，烹茶一壶，烧香一炷，看达摩面壁图。垂帘少顷，不觉心静神清，气柔息定。蒙蒙然如混沌境界，意者揖达摩与之乘槎而见麻姑也。

【译文】

独自坐在禅房中，清爽而无事，煮一壶茶，燃一炷香，欣赏达摩面壁图。将眼睛闭上一会儿，不知不觉中，心变得十分平静，神智也十分清楚，气息柔和而稳定。这种感觉，仿佛回到了最初的混沌境界，就像拜见达摩祖师，和他一同乘着木筏渡水，见到了麻姑一般。

【原文】

才人之行多放，当以正敛之；正人之行多板，当以趣通之。

【译文】

有才气的人行为多疏放而不受检束，应当以正直来收敛他。太过正直的人大多不知变通，应当以趣味使他的个性融通些。

【原文】

闻人善，则疑之；闻人恶，则信之。此满腔杀机也。

【译文】

听到别人做了善事,就怀疑他的动机;听到他人做了坏事,却十分相信。心中充满恨意和不平的人才会如此。

【原文】

能脱俗便是奇,不合污便是清。处巧若拙,处明若晦,处动若静。

【译文】

能够超脱世俗,便是不平凡;能够不与人同流合污,便是清高。愈是巧妙的事情,愈要以拙笨的方法处理;虽然位居高明之处,却能善自韬晦;虽然处于动荡的环境,却要像处在平静的环境中一般,不可慌乱。

【原文】

士君子尽心利济,使海内少他不得,则天亦自然少他不得,即此便是立命。

【译文】

一个有道德的人,只要尽自己的心意去利物济人,使一国之内少不得他,那么,上天自然也需要他,这便是为自己的生命建立的意义和价值。

【原文】

读史要耐讹字,正如登山耐仄路,踏雪耐危桥,闲居耐俗汉,看花耐恶酒,此方得力。

【译文】

读史书要能忍受得了错误的字,就像登山要能忍耐山间的隘路;踏雪要能忍耐得了危桥;闲暇生活中要能忍受得了俗人;看花的时候要能忍受得了劣酒。如此才能真正进入史书的天地中。

【原文】

声色娱情，何若净几明窗，一生息顷。利荣驰念，何若名山胜景，一登临时。

【译文】

纵情于声色，还不如在洁净的书桌和明亮的窗前，让自己得到宁静的快乐。为荣华富贵而意念纷驰，哪里比得上登临名山，欣赏胜景来得真实呢？

【原文】

若能行乐，即今便好快活。身上无病，心上无事，春鸟是笙歌，春花是粉黛。闲得一刻，即为一刻之乐，何必情欲，乃为乐耶。

【译文】

若能随时行乐，立刻便可以获得快乐。身体既不生病，心中也无事牵挂，春天的鸟啼就是美妙的乐曲，春天的花朵便是天地间最美的妆饰。能得到一刻空闲，便能享受一刻的闲适乐趣，哪里一定要在情欲中追求刺激，才算是快乐呢？

【原文】

兴来醉倒落花前，天地即为衾枕；机息忘怀磐石上，古今尽属蜉蝣。

【译文】

兴致来的时候，在落花之前醉倒，天地就是我的棉被和枕头。放下机心，坐在大石上将一切忘怀，古今的一切纷扰，看来都像蜉蝣的生命一般短暂。

【原文】

烦恼之场，何种不有，以法眼照之，奚啻蝎蹈空花。

【译文】

世间有种种的烦恼，但是，以佛的智慧来观察，只不过像是蝎子攀附在虚幻的花上罢了！

【原文】

如今休去便休去，若觅了时了无时。

【译文】

只要现在能够休息，一切便能够终止；如果想要等到事情都了了才停下来，那么，永远没有了的时候。

【原文】

上高山，入深林，穷回溪幽泉怪石，无远不到。到则拂草而坐，倾壶而醉；醉则更相枕藉以卧，意亦甚适，梦亦同趣。

【译文】

登上高山，进入深密的树林，走尽回旋曲折的小溪，凡是有幽美的泉水和奇形怪状的岩石之处，不论多远，我们都要去。到了目的地，就坐在草地上，倒出壶中的酒，尽情地喝；醉了以后，就互相以身体为枕头睡觉。我们的心情是多么愉快呀！连做梦都有相同的情趣呢！

【原文】

业净六根成慧眼，身无一物到茅庵。

【译文】

罪业一旦清净，眼、耳、鼻、舌、身、意都成了观照世间万物的慧眼。身上没有任何事物的拖累，便如同住在深山的茅庵中修行一般。

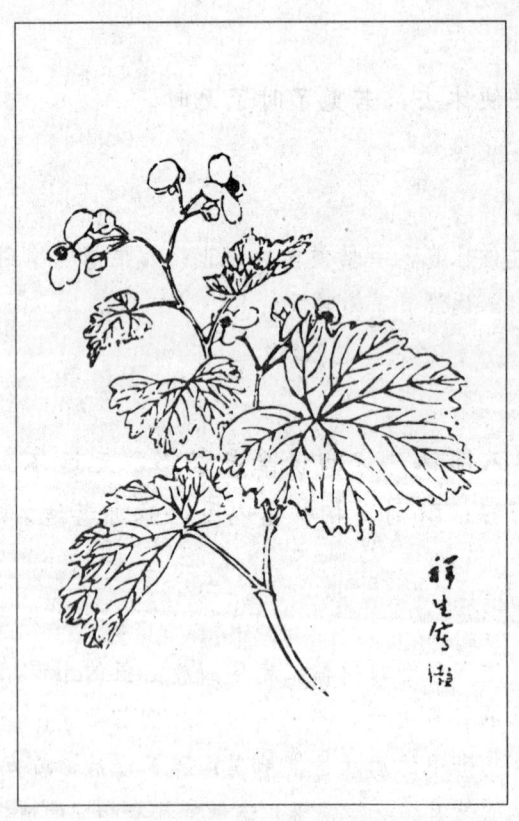

【原文】

茅帘外,忽闻犬吠鸡鸣,恍似云中世界。竹窗下,惟有蝉吟鹊噪,方知静里乾坤。

【译文】

茅屋外面,传来几声犬吠鸡鸣,让人感觉好像到了远离尘世的高远之处。窗外只有蝉鸣鹊唱,令人感觉到静中的天地如此之大。

【原文】

山泽未必有异士,异士未必在山泽。

【译文】

山林泽畔不一定有超凡奇特的人;超凡奇特的人也不一定住在山林泽畔。

【原文】

天下可爱的人,都是可怜人;天下可恶的人,都是可惜人。

【译文】

天下值得去爱的人,往往都十分可怜。而那些人人厌恶的人,又常常让人觉得十分可惜。

【原文】

事有急之不白者,宽之或自明,毋躁急以速其忿。人有操之不从者,纵之或自化,毋操切以益其顽。

【译文】

事情非常紧急却又不能表白时,不妨先宽缓下来,听其自然,也许事情就会澄清;不要太急于辩解,否则,会使对方更加气愤。有的人,你愈劝他,他愈是不听,这时,稍微放纵他,不要逼得太紧,也许他自己逐渐会改正过来;不要太急切强迫他遵从,因为这样反而会使他更为顽劣。

【原文】

人只把不如我者较量,则自知足。

【译文】

只要和境况不如自己的人比较一下,人就自然会知足了。

【原文】

俭为贤德,不可着意求贤;贫是美称,只在难居其美。

【译文】

节俭是贤良的美德,但是,不可因为人们称赞节俭,就刻意追求这种名声。安贫往往为人所赞美,只是很少有人能安居贫穷。

【原文】

听静夜之钟声,唤醒梦中之梦;观澄潭之月影,窥见身外之身。

【译文】

聆听寂静的夜里传来的钟声,唤醒了生命中的种种迷惘。静观清澈潭水中的月影，仿佛窥见了超越肉体的真实自己。

【原文】

　　打透生死关，生来也罢，死来也罢。参破名利场，得了也好，失了也好。

【译文】

　　超越了生死的界限，活就能活得自在，死也能死得自在。看破了名利争逐的虚妄，就会觉得，得到了也好，失去了也好。

【原文】

作诗能把眼前光景，胸中情趣，一笔写出，便是作手，不必说唐说宋。

【译文】

写诗的人若能把眼前所看到的情景，以及胸中的情意趣味，一笔表现出来，便算是能作诗了，不必引经据典，说唐道宋。

【原文】

隐逸林中无荣辱，道义路上无炎凉。

【译文】

在隐居的生活中，没有荣华或耻辱。在选择道义的路上，也没有人情的冷暖可言。

【原文】

皮囊速坏，神识常存，杀万命以养皮囊，罪辜归于神识。佛性无边，经书有限，穷万卷以求佛性，得不属于经书。

【译文】

我们的身体很快就会朽坏，但是，神识之中的业债却始终还不清。宰杀动物来养活臭皮囊的业债，将全部藏纳到我们的神识中，使我们将来受果报。我们的觉悟本性是无边无际的，而经书中只是一些有限的文字而已，穷究万卷的经书来求佛性，一旦得到了，将会发现，经书只是方法，而不是佛性的本身。

【原文】

闻谤而怒者,谗之隙;见誉而喜者,佞之媒。

【译文】

听到毁谤的言语就会发怒的人,最容易接受谗言。听到赞美恭维的话就沾沾自喜的人,也最容易听进谄媚的话。

【原文】

人胜我无害,彼无蓄怨之心;我胜人非福,恐有不测之祸。

【译文】

他人胜过我,没有什么害处;因为这样他便不会在心中对我积下什么忌恨。我胜过他人,就不见得是自己的福气了;倘若遇到心胸狭窄的人,恐怕会有难以预测的灾祸发生。

【原文】

闭门即是深山,读书随处净土。

【译文】

关起门,就像住在深山中一样。能读书,则处处都是净土。

【原文】

欲见圣人气象,须于自己胸中洁净时观之。

【译文】

想要见到圣人的胸襟气度,必须在自己内心一尘不染的时候观察,才可以明白。

【原文】

成名每在穷苦日，败事多因得志时。

【译文】

一个人成名往往是在过穷苦日子的时候，失败则是在志得意满之时。

【原文】

让利精于取利,逃名巧于邀名。

【译文】

将利益让给他人,比和他人争夺利益更为明智;逃避声名,则比求取声名更为聪明。

【原文】

过分求福,适以速祸;安分速祸,将自得福。

【译文】

过分地求福,将使祸事加速降临;对于突发的灾祸安然处之,自然能够逢凶化吉。

【原文】

看书只要理路通透,不可拘泥旧说,更不可附会新说。

【译文】

看书贵在能将书中的道理贯通透彻,不受旧有学说的限制而不知变通,更不可对新学说还未十分了解时,就盲目地信从。

【原文】

对棋不若观棋,观棋不若弹琴,弹琴不若听琴。古云:但识琴中趣,何劳弦上音。斯言信然。

【译文】

与人下棋不如观人下棋,观人下棋不如自己弹琴,自己弹琴又不如听人弹琴。古人说:"只要能体味琴中的趣味,何必一定要有琴音呢!"这句话是很可以相信的。

【原文】

伶人代古人语,代古人笑,代古人愤,今文人为文似之。伶人登台肖古人,下台还伶人,今文人为文又似之。假令古人见今文人,当何如愤,何如笑,何如语。

【译文】

唱戏的扮成古人,代替古人讲话,代替古人笑,甚至替古人生气,现在的读书人写文章就仿佛如此。唱戏的在戏台上很像古人,但是一下了戏台,又恢复伶人的身份了,现在的读书人写文章又和这点很相似。假使让古人见到现在的读书人,真不知他们要如何生气、如何笑、如何讲话了。

【原文】

士君子贫不能济物者,遇人痴迷处,出一言提醒之,遇人急难处,出一言解救之,亦是无量功德。

【译文】

读书人贫穷而不能在物质上救济他人的,逢到他人遇事糊涂迷惑之处,能够用言语来点醒他;或是遇到他人有危难时,用言语来解救他,同样是无可比拟的善事和美德。

【原文】

夜者日之余，雨者月之余，冬者岁之余。当此三余，人事稍疏，正可一意学问。

【译文】

夜晚是一天所剩余的时间，下雨天是一月所剩余的时间，冬天则是一年所剩余的时间。在这三种剩余的时间里，人事来往较不频繁，正好能用来专心一意地读书。

【原文】

简傲不可谓高,谄谀不可谓谦,刻薄不可谓严明,苛酷不可谓宽大。

【译文】

不可把轻忽傲慢误认为高明,也不可将阿谀谄媚视为谦让,待人苛酷不能称之为严明,也不能视人格卑贱为心胸宽大。

【原文】

画家之妙,皆在运笔之先;运思之际,一经点染,便减神机。长于笔者,文章即如言语;长于舌者,言语即成文章。昔人谓丹青乃无言之诗,诗句乃有言之画,余则欲丹青似诗,诗句无言,方许各臻妙境。

【译文】

画家的灵妙之处,全在下笔前构思之时。此时如果有一点杂念,便无法将神妙之处淋漓尽致地表现出来。善于写文章的人,他的文章便是最美妙的言语;善于讲话的人,所讲的话便是最美好的篇章。古人说画乃是无声的诗,诗则是有声的画;我认为,最好的画如同诗一般,能不尽地倾诉;而最好的诗却如画一般,能无穷地展现而不着一字。如此,诗和画才算达到了神妙的境界。

【原文】

累月独处,一室萧条,取云霞为侣伴,引青松为心知;或稚子老翁,闲中来过,浊酒一壶,蹲鸱一盂,相共开笑口,所谈浮生闲话,绝不及市朝。客去关门,了无报谢,如是毕余生足矣。

【译文】

连续数月独居，虽然一屋子的冷清，但是，却有浮云彩霞作我的伴侣，青松当我的知心。空闲时，老年人会带着幼童过来拜访，这时，我便以一壶浊酒、一盘大芋招待客人，聊的都是一些家常话，而不谈及市肆朝廷方面的俗事；聊得尽兴了，便告辞而去，不需要起身送客。如果能这样过一辈子，我就心满意足了。

【原文】

耳目宽则天地窄，争务短则日月长。

【译文】

耳目用得太多，便会觉得天地间很狭隘。将争名逐利的事务减少，则时间便会变得清闲而悠长。

【原文】

从江干溪畔箕踞，石上听水声，浩浩潺潺，粼粼泠泠，恰似一部天然之乐韵。疑有湘灵，在水中鼓瑟也。

【译文】

在江边和溪岸的石上曲着双腿而坐，聆听着水声，时而声势浩大，时而低如耳语；有时声音清澈，有时却沉默寂静，就好像一首大自然的乐曲一般，不禁令我怀疑：是否有湘水的女神，在水中弹奏她的锦瑟？

【原文】

有书癖而无剪裁，徒号书厨；惟名饮而少蕴藉，终非名饮。

【译文】

　　有爱读书的癖好，却对知识无所取舍和选择，这种人不过像藏书的书橱罢了。只具备饮酒之名，却不懂饮酒时含蓄不尽的意味，终不能算是会饮之人。

【原文】

　　鸟啼花落,欣然有会于心,遣小奴,挈瘿樽,酤白酒,饮一梨花瓷盏,急取诗卷,快读一过以咽之,萧然不知其在尘埃间也。

【译文】

　　听到鸟啼,见到花落,心中有所领悟而感到十分欢喜,立刻教小僮带着酒瓮买回白酒,以梨花酒杯饮下一杯,并马上取来诗卷,迅速地读过,当作下酒的美味,这时胸中清爽快意,仿佛不在人间。

【原文】

　　自古及今山之胜,多妙于天成,每坏于人造。

【译文】

　　古今的名山胜景,其绝妙之处大多在于天然生成,却往往被人造的景观所破坏。

【原文】

　　清闲无事,坐卧随心,虽粗衣淡饭,但觉一尘不淡。忧患缠身,繁扰奔忙,虽锦衣厚味,只觉万状苦愁。

【译文】

　　清闲自在,要坐要躺随自己的心意,虽然穿的是粗布做的衣服,吃的是缺少油盐的淡饭,但是,却觉得并不清淡。至于那些忧愁烦恼而患得患失的人,整日都在繁务中劳烦奔走,虽然穿的是锦衣,吃的是美味,却觉得万事皆苦。

【原文】

舞蝶游蜂,忙中之闲,闲中之忙。落花飞絮,景中之情,情中之景。

【译文】

蝴蝶款款飞,蜜蜂急急舞,它们在忙碌中有着闲情,在闲情中又显得十分忙碌。花落了,柳絮也随风飞扬,在这样的景色中有着难言的情意,这难言的情意便隐藏在如此的景色之中。

【原文】

鸟栖高枝,弹射难加;鱼潜深渊,网钓不及;士隐岩穴,祸患焉至。

【译文】

鸟栖在最高的树枝上,弹弓难以打到它;鱼潜在水深的地方,鱼网难以捕获它;有学问的人隐居在岩窟里,祸害哪里会降临在他身上呢?

【原文】

混迹尘中,高视物外;陶情杯酒,寄兴篇咏;藏名一时,尚友千古。

【译文】

在尘世中安置自己的形迹,眼光却超出世间的物累;在酒杯中得到了无比的乐趣,在诗篇歌咏中寄托了自己的意兴;暂且隐匿自己的声名吧!只要在精神上能与古人为友。

【原文】

　　五夜鸡鸣，唤起窗前明月；一觉睡醒，看破梦里当年。

【译文】

　　五更天将亮时，鸡啼声将睡梦中的人唤醒，只见一轮明月高挂在窗外。我由睡梦中醒来，憬悟到当年种种，就像梦幻一般消失无踪。

【原文】

取凉于扇，不若清风之徐来；激水于井，不若甘雨之时降。

【译文】

以扇子取凉，不如慢慢吹拂的清风。到井中汲水，不如上天及时降下的雨水。

【原文】

月榭凭栏，飞凌缥缈；云房启户，坐看氤氲。

【译文】

月光下，倚靠着高台的栏干，心思早已飞向那恍惚有无之境。打开山居的门扉，坐看山间弥漫无尽的云烟变幻。

【原文】

文、行、忠、信，孔子立教之目也，今惟教以文而已；志道、据德、依仁、游艺，孔门为学之序也，今但学其艺而已。

【译文】

文、行、忠、信，是孔子教导学生所立的科目，现在却只教学生文学了。志道、据德、依仁、游艺，是孔门求学问的次序，现在只剩最后一项艺罢了。

【原文】

隐微之衍，即干宪典，所以君子怀刑也；技艺之末，无益身心，所以君子务本也。

【译文】

一些不留意的过失,很可能就会干犯法度,所以君子行事,常在心中留意礼法,以免犯错。技艺是学问的末流,对身心并无改善的力量,所以君子重视根本的学问,而不把精力浪费在旁枝末节上。

【原文】

士既知学,还恐学而无恒;人不患贫,只要贫而有志。

【译文】

读书人既知道学问的重要,却恐怕学习时缺乏恒心。人不怕穷,只要穷得有志气。

【原文】

用功于内者,必于外无所求;饰美于外者,必其中无所有。

【译文】

在内在方面努力求进步的人,必然对外在事物不会有过多苛求;在外表拼命装饰图好看的人,必然内在没有什么涵养。

【原文】

盛衰之机,虽关气运,而有心者必贵诸人谋;性命之理,固极精微,而讲学者必求其实用。

【译文】

兴盛或是衰败,虽然有时和运气有关,但是有心人一定要求在人事上做得完善。形而上的道理,固然十分微妙,但是讲求这方面的学问,一定要它能够实用。

【原文】

鲁如曾子,于道独得其传,可知资性不足限人也;贫如颜子,其乐不因以改,可知境遇不足困人也。

【译文】

像曾子那般愚鲁的人,却能明孔子一以贯之之道而阐扬于后,可见天资不好并不足以限制一个人。像颜渊那么穷的人,却并不因此而失去他的快乐,由此可知遭遇和环境并不足以困住一个人。

【原文】

敦厚之人，始可托大事，故安刘氏者，必绛侯也；谨慎之人，方能成大功，故兴汉室者，必武侯也。

【译文】

忠厚诚挚的人，才可将大事托付给他，因此能使汉朝天下安定的，必定是周勃这个人。（惟有）谨慎行事的人，才能建立大的功业，因此能使汉室复兴的，必然是孔明这般人。

【原文】

以汉高祖之英明，知吕后必杀戚姬，而不能救止，盖其祸已成也；以陶朱公之智计，知长男必杀仲子，而不能保全，殆其罪难宥乎？

【译文】

像汉高祖那么雄才大略的帝王，明知在他死后吕后会杀死他最心爱的戚夫人，却无法挽救阻止，乃是因为这个祸事已经造成了。而如陶朱公那么足智多谋的人，明知他的长子非但救不了次子，反而会害了次子，却无法保全此事，大概是因为次子的罪本来就让人难以原谅吧！

【原文】

处世以忠厚人为法，传家得勤俭意便佳。

【译文】

在社会上为人处世，应当以踏实敦厚的人为效法对象；传于后代的，只要能得勤劳和俭朴之意便是最好的了。

【原文】

紫阳补大学格致之章，恐人误入虚无，而必使之即物穷理。所以维正教也；阳明取孟子良知之说，恐人徒事记诵，而必使之反己省心，所以救末流也。

【译文】

朱子注大学格物致知一章时，特别加以补充说明，只恐学人误解而入于虚无之道，所以要人多去穷尽事物之理，目的在维护孔门的正教。王阳明取了孟子的良知良能之说，只怕学子徒然地只会背诵，所以一定要教导他们反观自己的本心，这是为了挽回那些不学圣贤道理，而只知死读书的人而设的。

【原文】

人称我善良，则喜；称我凶恶，则怒；此可见凶恶非美名也，即当立志为善良。我见人醇谨，则爱，见人浮躁，则恶；此可见浮躁非佳士也，何不反身为醇谨？

【译文】

别人说我善良，我就很欢喜，说我凶恶，我就很生气，由此可知凶恶不是美好的名声，所以我们应当立志做善良的人。我看到他人醇厚谨慎，就很喜爱他，见到他人心浮气躁，就很厌恶他，由此可见心浮气躁不是优良的人该有的毛病，何不让自己做一个醇厚谨慎的人呢？

【原文】

处事宜宽平，而不可有松散之弊；持身贵严厉，而不可有激切之形。

【译文】

　　处理事情不要急迫而要平稳，但是不可因此而太过宽松散漫。立身最好能严格，但是不可造成过于激烈的严酷状态。

【原文】

天有风雨,人以宫室蔽之;地有山川,人以舟车通之;是人能补天地之阙也,而可无为乎?人有性理,天以五常赋之;人有形质,地以六谷养之;是天地且厚人之生也,而可自薄乎?

【译文】

天上有风有雨,所以人建造房屋来遮蔽;地上有高山河流,人便造船造车来交通。这就是人力能够弥补天地造物的缺失,人岂能无所作为,而让一切不获得改善呢?人的心中有理性,天以仁、义、礼、智、信作为他的秉赋;人的外在有形体,地便以黍、稷、菽、麦、稻、粱六谷来养活他,天地对待人的生命尚且优厚,人岂能自己看轻自己呢?

【原文】

人之生也直,人苟欲生,必全其直;贫者士之常,士不安贫,乃反其常。进食需箸,而箸亦只悉随其操纵所使,于此可悟用人之方;作书需笔,而笔不能必其字画之工,于此可悟求己之理。

【译文】

人生来身体便是直的,由此可见,如果人要活得好,一定要向直道而行。贫穷本是读书人该有的现象,读书人不安于贫,便是违背了常理。吃饭需用筷子,筷子完全随人的操纵来选择食物,由此可以了解用人的方法。写字需用毛笔,但是毛笔并不能使字好看,于此也可以明白凡事必须反求诸己的道理。

【原文】

家之富厚者,积田产以遗子孙,子孙未必能保;不如广积阴功，使天眷其德，或可少延。家之贫穷者，谋奔走以给衣食，衣食未必能充；何若自谋本业，知民生在勤，定当有济。

【译文】

家中富有的人，将积聚的田产留给子孙，但子孙未必能将它保有；倒不如多做善事，使上天眷顾他的阴德，也许可使子孙的福分因此得到延长。家中贫穷的人，想尽办法来筹措衣食，衣食却未必获得充足；倒不如在工作上多加努力，若能知道民生的根本在于勤奋，那么多少会有所帮助，而不必四处求人。

【原文】

言不可尽信，必揆诸理；事未可遽行，必问诸心。

【译文】

言语不可以完全相信，一定要在理性上加以判断、衡量，看看有没有不实之处。遇事不要急着去做，一定要先问过自己的良心，看看有没有违背之处。

【原文】

兄弟相师友，天伦之乐莫大焉；闺门若朝廷，家法之严可知也。

【译文】

兄弟彼此为师友，伦常之乐的极致就是如此。家规如朝廷一般严谨，由此可知家法严厉。

【原文】

友以成德也，人而无友，则孤陋寡闻，德不能成矣；学以愈愚也，人而不学，则昏昧无知，愚不能愈矣。

【译文】

朋友可以帮助德业的进步，人如果没有朋友，则学识浅薄，见闻不广，德业就无法得到改善。学习是为了去除愚昧的毛病，人如果不学习，必定愚昧无知，愚昧的毛病永远都不能改正。

【原文】

明犯国法,罪累岂能幸逃;白得人财,赔偿还要加倍。

【译文】

明明知道而故意触犯国法,岂能侥幸地逃避法律的制裁?平白无故地取人财物,偿还的要比得到的增加几倍。

【原文】

浪子回头,仍不惭为君子;贵人失足,便贻笑于庸人。

【译文】

浪荡子若能改过自新而重新做人,仍可做个无愧于心的君子。高贵的人一旦做错事,连庸愚的人都要嘲笑他。

【原文】

饮食男女,人之大欲存焉,然人欲既胜,天理或亡;故有道之士,必使饮食有节,男女有别。

【译文】

饮食的欲望和男女的情欲,是人的欲望中最主要的。然而如果放纵它,让它凌驾于一切之上,可以使道德天理沦亡。所以有道德有修养的人,一定要让饮食有节度,男女有分别。

【原文】

东坡《志林》有云:"人生耐贫贱易,耐富贵难;安勤苦易,安闲散难;忍疼易,忍痒难。能耐富贵,安闲散,忍痒者,必有道之士也。"余谓如此精爽之论，足以发人深省，正可于朋友聚会时，述之以助清谈。

【译文】

苏东坡在《志林》一书中说："人生要耐得住贫贱是容易的事，然而要耐得住富贵却不容易；安于勤苦中生活容易，在闲散里度日却难；要忍住疼痛容易，要忍住发痒却难。假如能把这些难耐难安难忍的富贵、闲散、发痒，都耐得、安得、忍得，这个人必是个已有相当修养的人。"我认为像这么精要爽直的言论，足以让我们深深去体会，正适合在朋友相聚时提出来讨论，增加谈话的内容。

【原文】

余最爱草庐日录有句云："澹如秋水贫中味，和若春风静后功。"读之觉矜平躁释，意味深长。

【译文】

我最喜爱《草庐日录》中的一句话："贫穷的滋味就像秋天的流水一般澹泊，静下来的心情如同春风一样平和。"读后觉得心平气和，句中的话真是含意深远而耐人咀嚼。

【原文】

敌加于己，不得已而应之，谓之应兵，兵应者胜；利人土地，谓之贪兵，兵贪者败，此魏相论兵语也。然岂独用兵为然哉？凡人事之成败，皆当作如是观。

【译文】

敌人来攻打本国，不得已而与之对抗，这叫做"应兵"，不得已而应战的必然能够得胜。贪图他国土地，叫做"贪兵"，为贪得他国土地而作战必然会失败，这是魏相论用兵时所讲的话。然而岂只是用兵打仗如此呢？凡是人事的成功或失败，往往也是如此啊！

【原文】

凡人世险奇之事，决不可为，或为之而幸获其利，特偶然耳，不可视为常然也。可以为常者，必其平淡无奇，如耕田读书之类是也。

【译文】

凡是人世间危险奇怪的事，绝不要去做，虽然有人因为做了这些事而侥幸获得利益，那也不过是偶然罢了！不可将它视为常理。可以作为常理的，一定是平淡而没有什么奇特的事，例如耕田、读书之类的事便是。

【原文】

忧先于事故能无忧，事至而忧无救于事，此唐史李绛语也。其警人之意深矣，可书以揭诸座右。

【译文】

如果事前忧愁，在做的时候就不会有可忧的困难出现；若是事到临头才去担忧，对事情已经没有什么帮助了。这是唐史上李绛所讲的话。这句话具有警惕人的意味，可以将它写在座旁，时时提醒自己。

【原文】

尧舜大圣，而生朱均；瞽鲧至愚，而生舜禹；揆以馀广馀殃之理，似觉难凭。然尧舜之圣，初未尝因朱均而灭；瞽鲧之愚，亦不能因舜禹而掩，所以人贵自立也。

【译文】

　　尧和舜都是古代的大圣人，却生了丹朱和商均这样不肖的儿子；瞽和鲧都是愚昧的人，却生了舜和禹这样的圣人。若以善人遗及子孙德泽，恶人遗及子孙祸殃的道理来说，似乎不太说得通。然而尧舜的圣明，也并不因后代的不贤而有所灭损；而瞽鲧那般的愚昧，也无法被舜禹的贤能所掩盖，所以人最重要的是能自立自强。

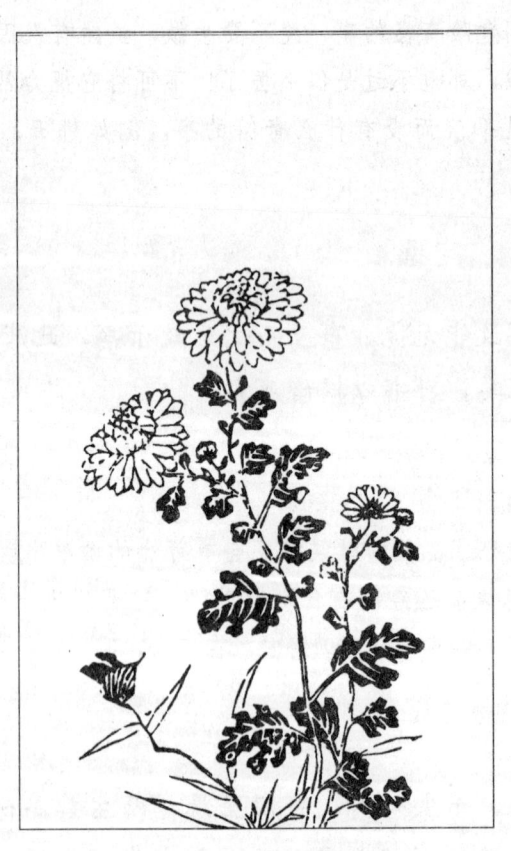

【原文】

程子教人以静，朱子教人以敬；静者心不妄动之谓也，敬者心常惺惺之谓也。又况静能延寿，敬则日强，为学之功在是，养生之道亦在是。静敬之益人大矣哉！学者可不务乎？

【译文】

程子教人"主静"，朱子教人"持敬"，"静"是心不起妄念妄动，而敬则是常保醒觉状态。由于不妄动，所以能延长寿命，又由于常保醒觉，所以能日有增长，求学问的功夫在此，培育生命的方法亦在此。"静"和"敬"两者对人的益处实在太大了！学子能不在这两点上下工夫吗？

【原文】

卜筮以龟筮为重，故必龟从筮从，乃可言吉。若二者有一不从，或二者俱不从，则宜其有凶无吉矣。乃洪范稽疑之篇，则于龟从筮逆者，仍曰作内吉。从龟筮共违于人者，仍曰用静吉。是知吉凶在人，圣人之垂戒深矣。人诚能作内而不作外，用静而不用作，循分守常，斯亦安往而不吉哉！

【译文】

在古代占卜，是以龟甲和蓍草为主要的工具，因此一定要龟卜及筮占皆赞同、一件事才可称得上吉。如果龟和蓍中有一个不赞同，或是两者都不赞同，那么事情便是凶险而无吉兆了。但是《尚书》洪范稽疑篇中，则对于龟卜赞同，蓍占不赞同的情形，视为做内面的事吉祥。即使龟甲和蓍草占卜的结果都与人的意愿相违，仍然要说无所为则有利。由此可知，吉凶往往决定在自己，圣人已经教训得十分明白了。人只要能对内吉外凶的事情在内行之而不在外行之，对于完全与人相违的事守静而不做，安分守己，遵循常道，那么岂不是无往而不利吗？

【原文】

每见勤苦之人绝无痨疾，显达之士多出寒门，此亦盈虚消长之机，自然之理也。

【译文】

常见勤勉刻苦的人绝对不会得痨病，而显名闻达之士往往是穷苦出身，这也可看成是盈则亏、消则长的大自然本有的道理。

【原文】

欲利己，便是害己；肯下人，终能上人。

【译文】

想要对自己有利，往往反而害了自己。能够屈居人下而无怨言，终有一天也能居于人上。

【原文】

古之克孝者多矣，独称虞舜为大孝，盖能为其难也；古之有才者众矣，独称周公为美才，盖能本于德也。

【译文】

古来能够尽孝道的人很多，然而独独称虞舜为大孝之人，乃是因为他能在孝道上为人所难为之事。自古以来有才能的人极多，然而单单称赞周公美才，乃是因为周公的才能以道德为根本。

【原文】

不能缩头者，且休缩头；可以放手者，便须放手。

【译文】

于情于理不当逃避的事,就要勇敢地去面对。可以不放在心上的事,就要将它放下。

【原文】

居易俟命,见危授命,言命者总不外顺受其正;木讷近仁,巧令鲜仁,求仁者即可知从入之方。

【译文】

君子在平日不做危险的言行,以等待时机;一旦国家有难,便能奉献自己的生命去挽救国家的命运,讲命运的人总不外乎将命运承受在应当承受与投注之处。言语不花巧则接近仁德了;反之,话说得好听,脸色讨人喜欢,往往没有什么仁心,寻求仁德的人由此可知该由何处做起才能入仁道。

【原文】

见小利,不能立大功;存私心,不能谋公事。

【译文】

只能见到小小的利益,就不能立下大的功绩。心中存着自私的心,就不能为公众谋事。

【原文】

正己为率人之本,守成念创业之艰。

【译文】

端正自己为带领他人的根本,保守已成的事业要念及当初创立事业的艰难。

【原文】

在世无过百年，总要作好人，存好心，留个后代榜样；谋生各有恒业，哪得管闲事，说闲话，荒我正经工夫。

【译文】

人活在世上不过百年，总要做个好人，存着善心，为后人留个学习的榜样；谋生计是个人恒常的事业，哪有时间去管一些无聊的事，说些无聊的话，荒废了正当的工作。

菜 根 谭

[明] 洪应明 著

【原文】

势利纷华,不近者为洁,近之而不染者尤洁;智械机巧,不知者为高,知之而不用者为尤高。

【译文】

权利和财势,以不接近这些的人为清白,接近了而不受污染那就更清白了;权谋术数,以不知道才算高明,知道而不使用那就更高明了。

【原文】

栖守道德者,寂寞一时,依阿权势者,凄凉万古。达人观物外之物,思身后之身;宁受一时之寂寞,毋取万古之凄凉。

【译文】

一个坚守道德规范的人,虽然有时会遭受短暂的冷落,可是那些依附权势的人,却会遭受永久的凄凉。大凡一个胸襟开阔的聪明人,能重视物质以外的精神价值,又能顾及到死后的名誉问题。所以他们宁愿承受一时的冷落,也不愿遭受永久的凄凉。

【原文】

君子之心事,天青日白,不可使人不知;君子之才华,玉韫珠藏,不可使人易知。

【译文】

一个有高深修养的君子,他的心地像青天白日一般光明,没有一点不可以告人的事;一个有高深修养的君子,他的才学像珍珠美玉一般珍藏,绝对不轻易让人家知道。

【原文】

耳中常闻逆耳之言,心中常有拂心之事,才是进德修行的砥石。若言言悦耳,事事快心,便把此生埋在鸩毒中矣。

【译文】

一个人的耳朵假如能经常听些不中听的话,心里经常想些不如意的事,这才算是敦品励德有益身心的好教训。反之假如每句话都很好听,每件事都很称心,那就等于把自己的一生葬送在毒药中了。

【原文】

疾风怒雨,禽鸟戚戚;霁日光风,草木欣欣。可见天地不可一日无和气,人心不可一日无喜神。

【译文】

在狂风暴雨的天气中,连飞禽都感到哀伤忧虑;在晴空万里的日子里,连草木也呈现欣欣向荣。由此可见,天地之间不可以一天没有祥和之气,而人间也不可以一天没有欢欣之气。

【原文】

宠利毋居人前,德业毋落人后,受享毋逾分外,修为毋减分中。

【译文】

　　追求名利时不要抢在他人之先,进德修业时不要落在他人之后,享受物质生活时不要超过自己的身份地位之外,修养品德时不要达不到自己分内所应达到的标准。

【原文】

家庭有个真佛，日用有种真道。人能诚心和气、愉色婉言，使父母兄弟间形骸两释，意气交流，胜于调息观心万倍矣！

【译文】

任何家庭都应该有一种真诚的信仰，任何人的生活都要有一种不变的原则。一个人如果能保持纯真的心性，言谈举止自然温和愉快，这样才能跟父母兄弟相处得很融洽，这比用静坐省察来调护身心还要好上千万倍之多。

【原文】

醲肥辛甘非真味，真味只是淡；神奇卓异非至人，至人只是常。

【译文】

美酒佳肴和大鱼大肉都不是真正的美味，真正的美味只有那粗茶淡饭；标奇立异和超凡绝俗的人，都不算人间真正的伟人，真正的伟人只是那些平凡无奇的人。

【原文】

攻人之恶毋太严，要思其堪受；教人之善毋过高，当使其可从。

【译文】

当责备别人的过错时，不可太严厉，要顾及到对方是否能承受，也就是要注意到不伤害对方的自尊心。当教诲别人行善时，不可以期望太高，要顾及到对方是否能做到。

【原文】

天地寂然不动，而气机无息稍停；日月昼夜奔驰，而贞明万古不易。故君子闲时要有吃紧的心思，忙处要有悠闲的趣味。

【译文】

恰如我们每天所看到的，天地好像是一动也不动，其实天地的活动连一时一刻也不停止。早晨旭日东升，傍晚太阳西沉，可见日月昼夜都在旋转。宇宙在不断的活动之中，然而日月的光明是永恒不变的。所以一个聪明机智的君子，平日就应该效法大自然的变化，闲暇时心中要有一番打算，以便应对意想不到的变化，忙碌时也要能忙里偷闲，享受一点生活中应享受的乐趣。

【原文】

居轩冕之中，不可无山林的气味；处林泉之下，须要怀廊庙的经纶。

【译文】

身居政府显要官职的人，要保持一种隐居山林淡泊名利的思想；身为平民居住在田园之中的人，必须要胸怀入世治理国家的雄心壮志。

【原文】

夜深人静独坐观心，始觉妄穷而真独露，每于此中得大机趣；既觉真现而妄难逃，又于此中得大惭忸。

【译文】

大凡一个人，每当夜深人静万籁俱寂时，自己独坐庭院观察自己的内心，才会发现自己的妄心全消而真心流露，当此真心流露之际，皓月当空，八面玲珑，觉得精神十分舒畅，应用自在之机油然而生，假如这种真心能够常在该有多好。然而希望之心偏偏难以全消，于是心灵上会感觉羞愧不安，到最后才猛然悔悟而有改过向善的意念出现。

【原文】

处世不必邀功，无过便是功；与人不求感德，无怨便是德。

【译文】

人生在世不必勉强去争取功劳，其实只要没有过错就算是功劳；救助人不必希望对方感恩图报，只要对方不怨恨自己就算知恩图报了。

【原文】

恩里由来生害，故快意时须早回首，败后或反成功，故拂心处莫便放手。

【译文】

被当政者垂恩重用往往会招来祸患，所以一个人在从政时不可过分贪恋权位，应该抱着"见好就收""急流勇退"的明哲保身态度；不过万一遭受小小的挫败，反而会使一个人走向成功之路，因此遭受不如意的事打击时，千万不可就此罢休不再继续奋斗。

【原文】

忧勤是美德，太苦则无以适性怡情；澹泊是高风，太枯则无以济人利物。

【译文】

尽心尽力去做事本来是一种很好的品德，但是如果过分认真而使心力交瘁，就会使精神得不到调剂而丧失生活乐趣；把功名利禄都看得很淡本来是一种高风亮节的情操，但是如果过分清心寡欲，对社会人类也就不会有什么贡献了。

【原文】

径路窄处，留一步与人行；滋味浓时，减三分让人尝，此是涉世一极安乐法。

【译文】

在狭窄的路上行走时，要留一点余地给别人走；遇到美味可口的好菜时，要留出三分让给别人吃，这就是一个人立身处世最安全的方法。

【原文】

富贵家宜宽厚，而反忌刻，是富贵而贫贱其行矣！如何能享？聪明人宜敛藏，而反炫耀，是聪明而愚懵其病矣！如何不败？

【译文】

一个富贵的家庭待人接物应该宽大仁厚，可是很多人反而刻薄无理，这种人虽然身在富贵之家，可是他的行径跟贫贱之人却完全相同，这样又如何能长久保持富贵的身份呢？一个才智超群出众的人，本来应该保持谦恭有礼不露锋芒的态度，可是很多人反而夸耀自己的本领如何高强，这种人表面上看来好像很聪明，其实他的言行跟无知无识的人并没什么不同，那他的事业到头来又如何不失败呢？

【原文】

作人无甚高远事业，摆脱得俗情便入名流；为学无甚增益功夫，减除得物累便超圣境。

【译文】

要想成为一个很会做人的人，并不是要懂得什么高深的大道理，只要能摆脱世俗的利欲就可跻身名流；要想求到很高深的学问，并不需要特别的秘诀，只要能排除干扰宁静心情的杂念就可超凡入圣。

【原文】

放得功名富贵之心下，便可脱凡；放得道德仁义之心下，才可入圣。

【译文】

　　一个人能不被功名富贵的权势主义思想所左右,就可以超越庸俗的尘世杂念;一个人能不受仁义道德等教条主义思想的束缚,就可以进入超凡绝俗的圣贤境界。

【原文】

事事留个有余不尽的意思，便造物不能忌我，鬼神不能损我。若业必求满，功必求盈者，不生内变，必召外忧。

【译文】

做任何事都要留点儿余地，也就是不要把事做得太绝，因为这样即使是造物者的上帝也不会妒忌我，甚至于就连最喜欢跟人恶作剧的鬼神也不会伤害我。假如一切事业都要求做到尽善尽美的地步，一切功劳都希望达到登峰造极的境界，即使不为此而发生内乱，也必然为此而招致外患。

【原文】

待小人不难于严，而难于不恶；待君子不难于恭，而难于有礼。

【译文】

对品行不端的小人持严厉的态度并不困难，困难的是不憎恨他们；对品德高尚的君子持恭谨的态度并不困难，困难的是对他们有礼。

【原文】

粪虫至秽，变为蝉而饮露于秋风；腐草无光，化为萤而耀采于夏日。因知洁常自污出，明每从晦生也。

【译文】

粪土里所生的虫是最脏的虫，可是一旦成蝉蜕化后却只喝秋天洁净的露水。腐败的野草本来不会发光，可是一旦孕育出萤火虫之后，却能在夏天的夜空中发出耀眼的光彩。由此可以知道，洁净的东西常常是从污秽中产生，而光明的事物常常在黑暗中出现。

【原文】

宁守浑噩而黜聪明，留些正气还天地；宁谢纷华而甘澹泊，遗个清白在乾坤。

【译文】

人宁可保持纯朴毫无机诈的本性而屏除后天的聪明才智，以便保留一点浩然正气还给孕育灵性的大自然；人宁可抛弃俗世的荣华富贵而过着清虚恬静的生活，以便留一个纯洁高尚的美名给孕育本性的天地。

【原文】

念头浓者，自待厚待人亦厚，处处皆浓；念头淡者，自待薄待人亦薄，事事皆淡。故君子居常嗜好，不可太浓艳，亦不宜太枯寂。

【译文】

一个心胸豁达的人，不但要求自己的生活丰足，就是对待别人也要讲究丰足，因此他凡事都要讲究气派豪华。一个欲望淡薄的人，不但自己过着清苦的生活，就是对待别人也很淡薄，因此他凡事都表现得冷漠无情。可见一个真正有教养的人，日常生活的爱好，既不过分讲究奢侈豪华，也不过分刻薄吝啬。

【原文】

矜高倨傲，无非客气；降服得客气下，而后正气伸。情欲意识，尽属妄心，消杀得妄心尽，而后真心现。

【译文】

　　一个人之所以会有骄矜高傲的无理态度，都是由于受外来血气的影响；只有把这种外来血气消除，光明正大刚直无邪的气概才会出现。一个人的所有欲望和想像，都是由于虚幻无常的妄心所造成的，只要能铲除这种虚幻无常的妄心，善良的本性就会显现出来。

【原文】

彼富我仁，彼爵我义，君子固不为君相所牢笼；人定胜天，志一动气，君子亦不受造化之陶铸。

【译文】

别人有财富我坚守仁德，别人有爵禄我坚守正义，所以一个有守有为的君子绝对不会被统治者的高官厚禄所收买。人的智慧一定能战胜大自然，意念可以转变受到蒙蔽的气质，所以一个有才德的君子绝对不会向命运低头。

【原文】

饱后思味，则浓淡之境都消；色后思淫，则男女之见尽绝。故人常以事后之悔悟，破临事之痴迷，则性定而动无不正。

【译文】

酒足饭饱之后再回想美酒佳肴的味道，所有的甘美味道都会消失；房事满足之后再来回味性欲的情趣，那男女之间鱼水之欢的念头也会全部消失。因此假如能经常用事后的悔悟，来作为另一件事情开端时的参考，就可消除一切错误而恢复聪明的本性，这样做事就算有原则，一切行为自然都会合乎义理。

【原文】

立身不高一步立，如尘里振衣，泥中濯足，如何超达；处世不退一步处，如飞蛾投烛，羝羊触藩，如何安乐。

【译文】

立身处世假如不能保持超然态度，就好像在尘土里打扫衣服，在泥水里洗濯双脚，又如何能超凡绝俗出人头地呢？处理人间事物假如不抱多留一些余地的态度，那就好比飞蛾扑火，公羊用角去顶撞篱笆，哪里能够使自己的身心都感到安乐愉快呢？

【原文】

事穷势蹙之人，当原其初心；功成行满之士，要观其末路。

【译文】

我们对于一个事业失败而感到心灰意懒的人，要宽恕他当初奋发上进的精神；我们对于一个事业成功而感到万事如意的人，要观察他是否能永远维持下去。

【原文】

学者要收拾精神并归一路；如修德而留意于事功名誉，必无实诣；读书而寄兴于吟咏风雅，定不深心。

【译文】

求取学问一定要排除杂念集中精神，专心致志；如果在潜修道德时仍去注意事功名誉，必定得不到真实的造诣；如果读书不重视学术上的探讨，只是在吟咏诗词上下功夫，那必然会很浮浅而没有什么心得。

【原文】

居卑而后知登高之为危，处晦而后知向明之太露；守静而后知好动之过劳，养默而后知多言之为躁。

【译文】

先站在低下处才知道攀登高处的危险性，先待在阴凉处才知道过分光亮的地方会刺眼睛；先保持宁静心情才知道喜欢活动的人太辛苦，先保持沉默心性才知道话说多了很烦躁。

【原文】

处治世宜方，处乱世宜圆，处叔季之世当方圆并用；待善人宜宽，待恶人宜严，待庸众之人当宽严互存。

【译文】

当政治清明天下太平时，待人接物应严正刚直，当政治黑暗天下纷乱时，待人接物应圆滑老练；当国家行将衰亡的末世时期，待人接物就要刚直与圆滑并用，对待善良的君子要宽厚，对待邪恶的小人要严厉，对待一般平民大众要宽严互用。

【原文】

利欲未尽害心，意见乃害心之蟊贼；声色未必障道，聪明乃障道之藩屏。

【译文】

名利和欲望未必都会伤害我的心性，只有自以为是的偏私和邪妄才是残害心灵的毒虫；歌舞女色未必都会妨碍人的品德，只有自作聪明的人才是破坏道德的最大障碍。

【原文】

我有功于人不可念，而过则不可不念；人有恩于我不可忘，而怨则不可不忘。

【译文】

我虽然帮助或救助过别人，也不要常常挂在嘴上或记在心头，但是假如做了对不起别人的事却不可不经常反省；反之如果别人曾经对我有过恩惠，则不可以轻易忘怀，别人做了对不起我的事就要立刻忘掉。

【原文】

人情反复，世路崎岖。行不去处，须知退一步之法；行得去处，务加让三分之功。

【译文】

人情冷暖是变化无常的，人生道路是崎岖不平的。因此当你遇到走不通的路时，必须明白退一步的做人方法；当你事业一帆风顺时，一定要有把好处让三分给他人的胸襟和美德。

【原文】

声妓晚景从良，一世之胭花无碍；贞妇白头失守，半生之清苦俱非。语云："看人只看后半截。"真名言也。

【译文】

歌伎、舞女、酒妓等风尘女子，虽然半生以卖身卖笑为业，但是如果到了晚年能嫁人为良家妻子，那么她以前放荡淫佚的生活并不会对后来的正常生活构成妨害；可是一个一生都守贞操的节烈妇女，假如到了晚年由于耐不住空闺寂寞而失身的话，那她半生守寡所吃的苦都会付诸东流。俗谚说："要评定一个人的功过得失，必须看他后半生的晚节。"这真是一句至理名言。

【原文】

以幻境言，无论功名富贵，即肢体亦属委形；以真境言，无论父母兄弟，即万物皆吾一体。人能看得破认得真；才可以任天下之负担，亦可脱世间之枷锁。

【译文】

　　就自然界的物质生活来说，不论官位、财富、权势都变幻无常，甚至就连自己的四肢躯体也属于上天暂时赐给你的形象；假如从客观世界的超物质生活来说，不仅是父母兄弟等骨肉至亲，甚至连天地间的万物也都和我属于一体。一个人假如能洞察出物质世界的虚伪变幻，同时又能认得清精神世界的永恒价值，就能担负起救世济民的重大使命，而且也只有这样才能摆脱人间一切困扰你的枷锁。

【原文】

老来疾病，都是壮时招的；衰后罪孽，都是盛时造的。故持盈履满，君子尤兢兢焉。

【译文】

一个人如果到了晚年体弱多病，那都是年轻时不注意爱护身体所招来的痛苦；一个人失意以后还会有罪刑缠身，那都是在得志时贪赃枉法所造成的罪孽。因此一个有高深修养的人，即使生活在幸福的环境中，也要凡事都抱着战战兢兢的认真态度，以免伤害到身体或者得罪人。

【原文】

爽口之味，皆烂肠腐骨之药，五分便无殃；快心之事，悉败身丧德之媒，五分便无悔。

【译文】

美味可口的山珍海味，都相当于是伤害肠胃的毒药，所以我们一旦遇到这种大快朵颐的机会绝对不可多吃，只要控制住吃个半饱，就不会伤害身体；世间所有称心如意令你眉飞色舞的好事，其实全都是一些引诱你走向身败名裂的媒介，所以不可要求一切都能心满意足，只要保持在差强人意的限度上，就不至于造成事后懊悔的恶果。

【原文】

市私恩，不如扶公议；结新知，不如敦旧好；立荣名，不如种隐德；尚奇节，不如谨庸行。

【译文】

假如一个人施恩惠给别人是为了自己的私心，那还不如以光明磊落的态度去争取社会大众的公益；一个人与其结交很多不能劝善规过的新朋友，倒不如加深一下以前跟老朋友的旧交情；一个人与其沽名钓誉、故意制造知名度，倒不如悄悄在暗中积一些阴德；一个人与其标新立异，主动去制造自己的名节，倒不如平日谨言慎行，多做一些平凡无奇的好事。

【原文】

士君子持身不可轻，轻则物能挠我，而无悠闲镇定之趣；用意不可重，重则我为物泥，而无潇洒活泼之机。

【译文】

一个才德兼备的士大夫型君子，平日待人接物绝对不可有轻浮的举动，尤其不可有急躁的个性，因为一旦轻浮急躁，就会把事情弄糟而使自己受到困扰，这样自然就会丧失悠闲宁静了；在处理任何事情时，都不可思前虑后想得太多，因为凡事如果想得太多，就会陷入受外界约束的艰苦局面，这样自然会丧失潇洒、超然物外、无拘无束、蓬勃朝气的生机。

【原文】

毋偏信而为奸所欺，毋自任而为气所使；毋以己之长而形人之短，毋因己之拙而忌人之能。

【译文】

一个人不要误信他人的片面之词，以免被一些奸诈之徒所欺骗，也不要过分信任自己的才干，以免受到一时意气的驱使；更不要仰仗自己的长处去宣扬人家的短处，尤其不要由于自己笨拙就嫉妒他人的聪明。

【原文】

降魔者先降自心，心伏则群魔退听；驭横者先驭此气，气平则外横不侵。

【译文】

要想制服邪恶必须先制伏自己内心的邪恶，自己内心的邪恶降服之后自然安稳不动，到那时一切其他邪恶自然都不起作用。要想控制不合理的横逆事件，必须先控制自己容易浮动的情绪，自己的情绪控制住以后自然不会心浮气躁，到那时所有外来的横逆事物自然也就不会侵入。

【原文】

苦心中常得悦心之趣；得意时便生失意之悲。

【译文】

在困苦时能坚持原则把握方向，当问题解决时自然能得到发自内心的喜悦，只有这样的喜悦才是人生的真正乐趣。反之如果在得意时有过分狂妄的言行，往往会因此而跟他人结下冤仇，种下日后发生祸患的悲剧根苗。

【原文】

教弟子如养闺女，最要严出入谨交游。若一接近匪人，是清净田中下一不净的种子，便终身难植嘉禾矣！

【译文】

在家教导子弟，要像养育一个大女孩那样谨慎才行，例如必须严格管束他们的出入和所交往的朋友。万一不小心结交了坏人，就等于是在良田之中播下了坏种籽，从此这个孩子就一辈子也没出息了。

【原文】

学者有段兢业的心思，又要有段潇洒的趣味，若一味敛束清苦，是有秋杀无春生，何以发育万物？

【译文】

一个作学问的人，思考要细密行为要谨慎，同时又要有潇洒脱俗的高超胸怀，凡事都不拘泥细节，如此才能保持生活中的情趣。反之，假如只知一味克制自己，使自己过极端清苦的生活，就会感到暮气沉沉而毫无生机，这就如同大自然中只有落叶的秋天，而没有和煦阳光照射下的春天，这又怎能培育万物的成长而至开花结果呢？

【原文】

欲路上事，毋乐其便而姑为染指，一染指便深入万仞；理路上事，毋惮其难而稍为退步，一退步便远隔千山。

【译文】

关于欲念方面的事，绝对不要贪图职务上的方便，而就苟且占为己有，一旦贪图非分的享乐就会堕入万丈深渊；关于义理方面的事情，绝对不可由于畏惧困难，就略为产生退缩的念头，因为一旦退缩就会和真理正义有千山万水之隔。

【原文】

真廉无廉名，立名者正所以为贪；大巧无巧术，用术者乃所以为拙。

【译文】

一个真正廉洁的人不与人争名，所以反而建立不起廉洁之名，那些到处树立声誉的人，正是为了贪图虚名才这样做。一个真正聪明的人不炫耀自己的才华，所以看上去反而觉得很笨拙，那些卖弄自己聪明智慧的人，正是为了掩饰自己的愚蠢才这样做。

【原文】

人人有个大慈悲，维摩屠刽无二心也；处处有种真趣味，金屋茅檐非两地也。只是欲闭情封，当面错过，便咫尺千里矣。

【译文】

　　每个人都有一颗善良的仁慈之心,就连以慈悲为怀的维摩诘和屠夫刽子手的本性也都相同;世间到处都有一种合乎自然的生活情趣,就连富丽堂皇的高楼大厦和简陋的茅草屋也没什么差别,可惜人心经常为情欲所封闭,因而错过了真正的生活情趣,结果就造成差之毫厘失之千里的局面。

【原文】

人心有一部真文章,都被残篇断简封固了,有一部真鼓吹,都被妖歌艳舞淹没了。学者须扫除外物,直觅本来,才有个真受用。

【译文】

每个人的心灵深处都有一部真正的好文章,可惜却被内容不健全的杂乱文章给封闭了;每个人的心灵深处都有一首最美妙的乐曲,可惜却被一些妖邪的歌声和艳丽的舞蹈给迷惑了。所以一个有学问的读书人,必须排除一切外来物欲的引诱,用自己的智慧寻求本性,如此才能求得一生受用不尽的真学问。

【原文】

怨因德彰,故使人德我,不若德怨之两忘;仇因恩立,故使人知恩,不若恩仇之俱泯。

【译文】

一切怨恨都会由于善而更加明显,可见行善并不能使事情面面俱到,了解的人固然会发出赞誉,不了解的人不免要有所责难,所以行善与其要人赞美,还不如把赞美和埋怨两件事都忘掉;仇恨都是由于恩惠才产生,恩惠既然不能普遍施给他人,得到恩惠的人固然心生感激之情,得不到恩惠的人就会发出牢骚之声,可见与其施恩而希望人家感恩图报,还不如把恩惠与仇恨两者都彻底消除。

【原文】

公平正论不可犯手,一犯则贻羞万世;权门私窦不可著脚,一著则沾污终身。

【译文】

凡是社会大众所公认的规范和法律绝对不可以触犯，一旦不小心或故意触犯了，你就会遗臭万年；凡是权贵营私舞弊的地方，千万不可踏进一步，万一不小心或故意走进去，那你清白的人格就一辈子也洗刷不清。

【原文】

天地有万古，此身不再得；人生只百年，此日最易过。幸生其间者，不可不知有生之乐，亦不可怀虚生之忧。

【译文】

天地的运行是永恒不变的，可是人的生命只有一次，死了之后就不再复活；一个人最多也不会活过一百岁，可是百年的时间跟天地来比只不过是一刹那。我们人类既然能侥幸诞生在这永恒不变的天地之间，既不可不了解我们生活中所应享的乐趣，也不可不随时提醒自己不要蹉跎岁月，虚度一生。

【原文】

曲意而使人喜，不若直躬而使人忌；无善而致人誉，不若无恶而致人毁。

【译文】

一个人与其委屈自己的意愿而千方百计博取他人的欢心，实在不如以刚正不阿的光明磊落言行而遭受小人的忌恨；一个人与其根本没有善行而无故接受他人的赞美，实在不如由于没有恶行劣迹而遭受小人的毁谤。

【原文】

人之短处，要曲为弥缝，如暴而扬之，是以短攻短；人有顽固，要善为化诲，如忿而疾之，是以顽济顽。

【译文】

当我们发现别人有什么缺点时，要很婉转地为他掩饰或规劝他，假如在很多人面前揭发人家的缺点，这不仅会伤害到人家的自尊心，也证明了自己的无知和缺德；我们一旦发现某人个性比较愚蠢固执时，就要很有耐心地慢慢诱导他启发他，假如由于他一两次不会就很生气地厌恶他，这不仅无法改变他的愚蠢固执，同时也证明了自己的愚蠢固执。

【原文】

进德修道,要个木石的念头,若一有欣羡,便趋欲境;济世经邦,要段云水的趣味,若一有贪著,便堕危机。

【译文】

凡是进德修业磨练心性的人,必须有一种木石般坚定的意志,假如对外界的荣华富贵有所羡慕,就会被物欲所困惑。凡是一个治理国家服务人群的政治家,必须有一种宛如行云流水般的淡泊胸怀,假如有贪恋名利的念头,就会陷入危机四伏的险恶深渊。

【原文】

名根未拔者,纵轻千乘甘一瓢,总堕尘情;客气未融者,虽泽四海利万世,终为剩技。

【译文】

一个人如不彻底拔除功利思想,即使他能轻视富贵荣华而甘愿过清苦的生活,最后仍然无法逃避名利的诱惑;一个受外力影响而不能在内心加以化解的人,即使他的恩泽能广被天下甚至遗留给千秋万世,其结果仍然算是一种多余的伎俩。

【原文】

吉人无论作用安详,即梦寐神魂无非和气;凶人无论行事狠戾,即声音笑语浑是杀机。

【译文】

一个心地善良的人,不论言行还是举止都极镇定安详,甚至就连睡梦的神情也都洋溢着一团祥和之气；反之一个性情凶暴的人，不论做什么事都手段残忍狠毒，甚至就连在谈笑之间也充满了恐怖杀气。

【原文】

心体光明，暗室中有青天；念头暗昧，白日下有厉鬼。

【译文】

一个人的心地如果光明磊落，即使立身在黑暗世界，也像站在万里晴空之下一般。一个人的观念，如果邪恶不端，即使生活在光天化日之下，也像被魔鬼缠身一般终日战战兢兢。

【原文】

人知名位为乐，不知无名无位之乐为最真；人知饥寒为忧，不知不饥不寒之忧为更甚。

【译文】

一般人都只知道名誉和官职是人生的一大乐事，却不知道没有名声没有官职才是人生的真正乐趣。一般人都只知道饥饿跟寒冷是最痛苦的事，却不知道那些不愁衣食的达官贵人，他们那种患得患失的精神折磨才是最痛苦的。

【原文】

为恶而畏人知，恶中犹有善路；为善而急人知，善处即是恶根。

【译文】

一个人做了坏事而怕人知道，可见这种人还保留羞耻之心，也就是在恶性之中还保留一点改过向善的良知；一个人做了一点善事就急着让人知道，就证明他做善事只是为了贪图虚名和赞许，这种有目的而做善事的人，在他做善事时已经种下了可怕的伪善祸根。

【原文】

躁性者火炽，遇物则焚；寡恩者冰清，逢物必杀。凝滞固执者，如死水腐木，生机已绝，俱难建功业而延福祉。

【译文】

一个性情急躁的人，他的一言一行都如烈火一般炽热，所有跟他接触的人、物都会被焚毁；一个刻薄寡恩的人，他的一言一行就好像冰雪一般冷酷，不论任何人、物碰到他都会遭到残害。一个头脑顽固而呆板的人，既像一潭死水也像一株朽木，死沉沉的已经完全断绝了生机，这都不是成大功立大业而能为社会人群造福的人。

【原文】

肝受病则目不能视，肾受病则耳不能听；受病于人所不见，必发于人所共见；故君子欲无得罪于昭昭，必先无得罪于冥冥。

【译文】

肝脏感染上疾病，眼睛就看不清，肾脏染上疾病，耳朵就听不清。病虽然生在人们所看不见的肝脏和内脏，但是病的症状必然发作于人们所都能看见的地方；所以君子要想表面没有过错，必须从看不到的细微处下慎独功夫。

【原文】

福不可徼，养喜神以为召福之本而已；祸不可避，去杀机以为远祸之方而已。

【译文】

　　人间幸福不可勉强去追求，只要能经常保持愉快的心情，就算是追求人生幸福的基础；人间的灾祸实在难以避免，只要能消除怨恨他人的念头，就算是远离灾祸的唯一法宝。

【原文】

施恩者，内不见己，外不见人，则斗粟可当万钟之报；利物者，计己之施，责人之报，虽百镒难成一文之功。

【译文】

一个施恩惠给别人的人，不可老把这种恩惠记在心头，更不可存让别人赞美的观念，这样即使是一斗米也可收到万钟的回报；一个用财物帮助别人的人，不但计较自己对人的施舍，而且要求人家的报答，这样即使是付出一百镒，也难有一文钱的功德。

【原文】

地之秽者多生物，水之清者常无鱼；故君子当存含垢纳污之量，不可持好洁独行之操。

【译文】

一块堆满了腐草粪便的土地，才是能生长许多植物的好土壤；一条清澈见底的河流，往往不会有任何鱼虾的繁殖。所以一个有高深修养的君子，应该有接纳庸俗的气度和宽恕他人的雅量，绝对不可自命清高不跟任何人来往而陷入孤独状态。

【原文】

人之际遇，有齐有不齐，而能使己独齐乎？己之情理，有顺有不顺，而能使人皆顺乎？以此相观对治，亦是一方便法门。

【译文】

每个人的际遇各有不同，机运好的可施展抱负成就一番事业，机运不好的虽才华卓越却一事无成。在各种不同的境遇中，自己又如何能要求特别待遇呢？每个人的情绪各有不同，因为情绪有稳定的时候，也有浮躁的时候，自己又如何能要求别人事事都跟你合作呢？假如自己能平心静气来观察，也就是设身处地反躬自问来想一想，也是人生中一个最好的修养门径。

【原文】

耳目见闻为外贼，情欲意识为内贼。只是主人翁惺惺不昧，独坐中堂，贼便化为家人矣！

【译文】

每个人的眼睛都喜欢看美色，每个人的耳朵都喜欢听美音，所有这些声色都属于外来的敌人；每个人都有容易冲动的感情，每个人都有永远无法满足的欲望，所有这些心理上的邪念都是内在的敌人。不管是内贼也好外贼也罢，只要身为主人翁的你自己保持灵魂的清醒，每天所做的事都循规蹈距不违背世情理法，那么所有心理敌人都会变成你修养品德的助手。

【原文】

心地干净方可读书学古，不然见一善行窃以济私，闻一善言假以复短，是又藉寇兵而济盗粮矣。

【译文】

只有心地纯洁的人才可以读圣贤书学古人的道德文章，否则看到古人做一件好事就私下作为自己的见解，听到一句古人的好话就私下拿来掩饰自己的缺点，这就等于是资助兵器给敌人，送粮食给强盗。

【原文】

图未就之功,不如保已成之业;悔既往之失,不如防将来之非。

【译文】

与其计划没有绝对把握完成的功业,倒不如维护已经完成的事业;与其懊悔以前的过失,还不如预防未来可能发生的错误。

【原文】

奢者富而不足，何如俭者贫而有余；能者劳而府怨，何如拙者逸而全真。

【译文】

豪奢无度的人财富再多也感到不够用，这哪里比得上虽然贫穷却生活节俭而感到富裕的人呢；有才干的人假如由于心力交瘁而招致大众怨恨，哪里比得上那些愚笨的人由于安闲无事就能保全纯真本性呢。

【原文】

气象要高旷，而不可疏狂；心思要缜密，而不可琐屑；趣味要冲淡，而不可偏枯；操守要严明，而不可激烈。

【译文】

一个人的气度要恢宏广阔高瞻远瞩，但是绝对不可以流于粗野的狂放；思想观念要绵密周详，但是绝对不可以繁杂纷乱；生活情趣要清静恬淡，但是绝对不可以过于枯燥单调；言行志节要光明磊落，但是绝对不可以流于偏激刚烈。

【原文】

读书不见圣贤，如铅椠佣；居官不爱子民，如衣冠盗。讲学不尚躬行，为口头禅；立业不思种德，为眼前花。

【译文】

读书只知一味背诵文句，而不去研究古圣先贤的思想精义，最多只能成为一个写字匠；做官如果不爱护人民，每天只知道领取国家的丰厚俸禄，那就像一个穿着官服戴着官帽的强盗。只知研究学问却不注重身体力行，那就像一个不懂佛理只会吟经的和尚；事业成功以后却不想为后人积一些阴德，那就像一朵艳丽却很快就凋谢的昙花。

【原文】

风来疏竹，风过而竹不留声；雁度寒潭，雁去而潭不留影。故君子事来而心始现，事去而心随空。

【译文】

当轻风吹过稀疏的竹林固然会发出沙沙的声音，可是当风过去之后竹林并不会留下声音而仍旧归于寂静；当大雁飞过寒冷的深潭固然会倒映出雁影，但是雁飞过去后清澈的水面依旧是一片晶莹并不曾留下雁影。由此可见，一个具有高深品德的君子，当事情来临时，他的本然之性才会显现出来，事情过去之后他的本性也就恢复原来的空虚平静。

【原文】

富贵名誉，自道德来者，如山林中花，自是舒徐繁衍；自功业来者，如盆槛中花，便有迁徙兴废；若以权力得者，如瓶钵中花，其根不植，其萎可立而待矣。

【译文】

一个人的荣华富贵，假如是从高深的道德修养中得来，那就如同生长在大自然中的野花，会不断繁殖绵延不绝；如果是从建立政治功勋中得来，那就如同生长在花园中的盆栽一般，只要稍微移植或搬动，花木的成长就会受到严重的影响；假如是靠特权阶级或恶势力而得来，那就如同插在玻璃瓶中的花朵，由于根部并没有深植在土中，所以花的凋谢真是指日可待。

【原文】

　　清能有容，仁能善断，明不伤察，直不过矫，是谓蜜饯不甜，海味不咸，才是懿德。

【译文】

　　清廉纯洁而又有能容忍不廉的雅量，心地仁慈而又能具备当机立断的毅力，聪明睿智而又有不失于苛求的气度，性情刚直而又有不矫枉过正的胸襟，这种道理就像蜜饯虽然浸在糖里却不过分地甜，海产的鱼虾虽然腌在缸里却不过分地咸，一个人要能把持住这种不偏不倚的尺度才算做人做事的美德。

【原文】

春至时和,花尚铺一段好色,鸟且啭几句好音。士君子幸列头角,复遇温饱,不思立好言行好事,虽是在世百年恰似未生一日。

【译文】

当春天到来在和煦的阳光照拂之下,就连花草树木也争奇斗艳在大地铺上一层美丽景色,甚至连飞鸟也懂得在这春光明媚的大自然中唱出几句美妙的歌声。可见一个读书而又有才干的士大夫,假如能侥幸出人头地身居高位,同时每天又能吃得酒足饭饱过豪华的生活,却不肯为后世写下几部不朽的名著,或留下一些有益世人的事迹,那他即使活到一百岁的高寿也如一天都没活过。

【原文】

贫家净扫地,贫女净梳头,景色虽不艳丽,气度自是风雅。士君子一当穷愁寥落,奈何辄自废弛哉!

【译文】

一个贫穷的家庭要经常把地打扫得干干净净,一个贫家的女儿要经常把头梳得干干净净;摆设和穿着虽然算不上豪华艳丽,但是却能保持一种脱俗高雅的风范,因此一个有才德的君子,一旦际遇不佳而处于穷愁潦倒的景况,绝对不应该委靡不振自暴自弃。

【原文】

天之机缄不测,抑而伸伸而抑,皆是播弄英雄颠倒豪杰处。

君子是逆来顺受，居安思危，天亦无所用其伎俩矣。

【译文】

上天的奥秘变幻莫测，绝对不是人类智慧所能意料，他有时先使人陷于窘境然后再让人春风得意，有时又会让人先得意一番之后再让他遭受挫折。不论是先使人遭受挫败而后得意，还是先使人得意而后遭受挫折，都是上天有意捉弄自命为英雄豪杰的人。因此一个有才德的君子，不如意时要适应环境，遇到横逆事件也要一笑置之，在平安无事时要想到危难的来临。假如君子确实能够做到这种程度，就连上天也无法施展他捉弄人的巧计了。

【原文】

静中静非真静，动处静得来，才是性天之真境；乐处乐非真乐，苦中乐得来，才是心体之真机。

【译文】

在万籁俱寂的环境中所得到的宁静并非真宁静，只有在喧闹的环境中还能保持平静的心情，才算是合乎人类本然之性的真正宁静；在狂歌热舞的环境中得到的快乐并非真快乐，只有在艰苦环境中仍能保持乐观的情趣，才算是合乎人类本然灵性的真正乐趣。

【原文】

十语九中未必称奇，一语不中则愆尤并集；十谋九成未必归功，一谋不成则訾议丛兴。君子所以宁默毋躁，宁拙毋巧。

【译文】

即使十句话你能说对九句也未必有人称赞你，但是假如你说错了一句话就会立刻遭受到指责；即使十次计谋你有九次成功也未必能得到奖赏，可是其中只要有一次计划失败埋怨和责难之声就会纷纷到来。所以一个有修养的君子，做人宁可保持沉默寡言，没经过深思熟虑的话也不随便说；尤其是在做事方面，宁可显得笨拙一些，也绝对不愿自作聪明。

【原文】

舍己毋处其疑,处其疑即所舍之志多愧矣;施人毋责其报,责其报并所施之心俱非矣。

【译文】

假如一个人想作自我牺牲,就不应存有计较利害得失的观念,假如有这种观念就会使你对这种牺牲感到犹疑不决,既然对你的牺牲心存计较犹疑,就会使你的牺牲志节蒙羞。假如一个人想施恩惠给他人,就绝对不要希望得到人家的回报,假如你一定要对方感恩图报,那就连你原来帮助人的一番好心也会变质。

【原文】

天地之气,暖则生,寒则杀。故性气清冷者,受享亦凉薄;惟和气热心之人,其福亦厚,其泽也长。

【译文】

由于有大自然四季的变化,春夏气候温暖,万物就获得生机,秋冬寒冷,万物就丧失生机。做人的道理也跟大自然一样,一个性情高傲冷漠的人,他的表情就有如秋冬天气那样冷漠而无人敢接近,因此他所能得到的福分也就冷酷而淡薄。只有那些个性温和而又满腔热情的人,既肯帮助人也能获得别人的帮助,所以他获得的福分不但丰厚,而且他的禄位也会源远流长。

【原文】

平民肯种德施惠,便是无位的公相;士夫徒贪权市宠,竟成有爵的乞人。

【译文】

一个普通老百姓只要肯多积功德广施恩惠帮助他人,就等于一位没有实际爵禄的公卿宰相受到万人的景仰;反之一个达官贵人假如一味贪恋权势把官职作为一种生意买卖、欺下蒙上,这种人行径的卑鄙就如同一个有爵禄的乞丐那样可怜。

【原文】

天理路上甚宽,稍游心胸中便觉广大宏朗;人欲路上甚窄,才寄迹眼前俱是荆棘泥涂。

【译文】

大自然中的道理就像一条宽敞的大路,只要人们略微用心探讨,心灵深处就会无比辽阔豁然开朗;人世间的欲望就好像一条狭窄的小径,刚一把脚踏上就觉得眼前全是一片崎岖不平的泥路,只要稍不小心就会把两脚陷进泥潭中。

【原文】

问祖宗之德泽,吾身所享者是,当念其积累之难;问子孙之福祉,吾身所贻者是,要思其倾覆之易。

【译文】

假如要问我们的祖先是否给我们留下恩德,就要看看我们现在生活所享受的程度是否高,假如确实高那就算祖先所累积下的恩德,我们就要感谢祖先当年留下这些德泽的不易;假如我们要问我们的子孙将来是否能生活幸福,就必须先看看自己给子孙留下的德泽究竟有多少,假如我们给子孙留下的恩惠很少,就要想到子孙势将无法守成而容易使家业衰败。

【原文】

一苦一乐相磨练，练极而成福者其福始久；一疑一信相参勘，勘极而成知者其知始真。

【译文】

在人的一生中有苦也有乐，只有在苦难中不断磨炼而得来的幸福才能长久；在求学时既要有信心也要有怀疑精神，遇到值得怀疑的事情就要去求证，只有在不断考证中得来的学问才是真学问。

【原文】

君子而诈善，无异小人之肆恶；君子而改节，不及小人之自新。

【译文】

一个伪装心地善良的正人君子，和无恶不作的邪僻小人并没什么区别；一个正人君子如果改变自己所坚守的名节，他的品格还不如一个毅然痛改前非重新做人的小人。

【原文】

心不可不虚，虚则义理来居；心不可不实，实则物欲不入。

【译文】

一个人一定要抱着虚怀若谷的胸襟，因为只有谦虚才能容纳真正的学问和真理；同时一个人也要抱着择善固执的态度，因为只有坚强的意志才能抵抗外来物欲的诱惑。

【原文】

家人有过，不宜暴怒，不宜轻弃；此事难言，借他事隐讽之；今日不悟，俟来日再警之。如春风解冻，如和气消冰，才是家庭的型范。

【译文】

如果家里的人犯了什么过错，不可以随便发脾气乱骂，更不可以用冷漠的态度进行冷战而不管他；如果他所犯的错你不好意思直接说，就要假借其他事情来暗示让他改正；如果没办法立刻使他悔悟，就要拿出耐心等待时机再殷殷劝告。因为谆谆善诱,就好像春天温暖的风一般,能消除冰天雪地的严寒,同时也像温暖的气流一般能使冬天冻得如石块的冰完全融化,这样充满一团和气的家庭才算是模范家庭。

【原文】

泛驾之马可就驰驱,跃冶之金终归型范;只一优游不振,便终身无个进步。白沙云:"为人多病未足羞,一生无病是吾忧。"真确论也。

【译文】

一匹性情凶悍的马,只要训练有素驾驭得法,仍然可以骑上它奔驰万里;在熔化时爆出熔炉的金属,最后还是被人注入模型变成器具。一个人只要一贪图吃喝玩乐游手好闲,就会使精神陷于萎靡不振的状态,如此就一辈子也没什么出息。所以明陈献章才说:"做人有过失并没什么可耻的,只有一生不知悔悟的人才最值得忧心。"这真是一句至理名言。

【原文】

此心常看得圆满,天下自无缺陷之世界;此心常放得宽平,天下自无险侧之人情。

【译文】

一个天性善良心地纯洁的乐观主义者,把人间的万事万物都看得很美好,毫无缺陷;一个天性忠厚心胸开朗的达观主义者,待人接物都抱着宽大为怀的态度,因此他把万事万物看得很正常而毫无邪恶。

【原文】

人只一念贪私,便销刚为柔、塞智为昏、变恩为惨、染洁为污,坏了一生人品。故古人以不贪为宝,所以度越一世。

【译文】

　　一个人只要心中出现一点贪婪或偏私的念头,那他原本刚直的性格就会变得很懦弱,原本的聪明就会被蒙蔽得很昏庸,原本慈悲的心肠就会变得很残酷,原本纯洁的人格就会变得很污浊,结果就等于毁灭了一辈子的品德。所以古圣先贤一致认为,做人要以"不贪"二字为修身之宝,这样才能超越物欲度过一生。

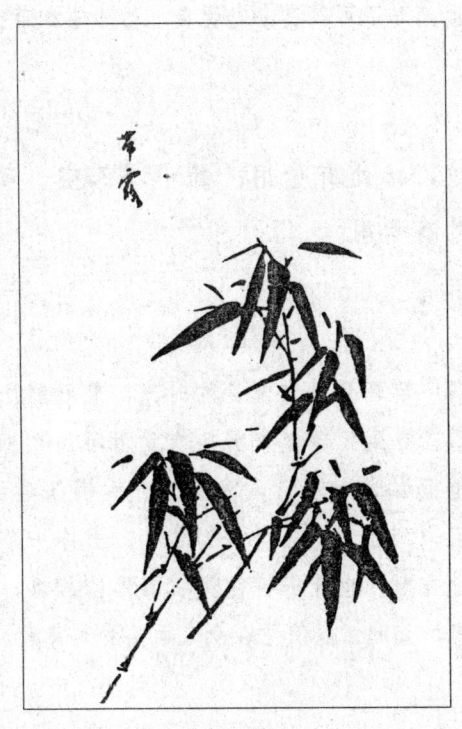

【原文】

澹泊之士，必为浓艳者所疑；检饰之人，多为放肆者所忌。君子处此，固不可稍变其操履，亦不可露其锋芒！

【译文】

一个具有高深才德而又能淡泊明志的人，一定会被那些热衷名利的人所怀疑；一个言行谨慎处处检点的真君子，往往会被那些邪恶放纵无所忌惮的小人的嫉妒。所以一个有才学而又有修养的君子，万一不幸处在这种既被猜疑又遭忌恨的恶劣环境中，固然不可以略为改变自己的操守和志向，但是也绝对不可以过分表现自己的才华和节操。

【原文】

闲中不放过，忙处有受用；静中不落空，动处有受用；暗中不欺隐，明处有受用。

【译文】

在闲暇的时候不要轻易放过宝贵的时光，最好利用这段时间为以后的事情作一些准备，等到忙碌起来就会有受用不尽之感；在平静的时候也不要忘记充实自己的精神生活，以便为日后担任艰巨工作有所准备，等到艰巨工作一旦来到才会有应付自如之感；当你一个人静静地坐在没有任何人看见的地方时，也能保持你光明磊落的胸襟，既不产生任何邪念也不做任何坏事，如此才能使你在众人面前受到尊敬。

【原文】

居逆境中，周身皆针砭药石，砥节砺行而不觉；处顺境中，眼前尽兵刃戈矛，销膏靡骨而不知。

【译文】

　　一个人如果生活在艰苦贫困的环境中，周围所接触到的全是有如医疗器材般的事物，在不知不觉中会使你敦品励行把一切毛病都治好；反之一个人如果生活在丰衣足食无忧无虑的良好环境中，这就等于你面前摆满了刀枪等杀人的利器，在不知不觉中会使你的身心受到腐蚀从而走向失败的路途。

【原文】

　　念头起处，才觉向欲路上去，便挽从理路上来。一起便觉，一觉便转，此是转祸为福，起死回生的关头，切莫轻易放过。

【译文】

　　当你心中刚一浮起邪念时，假如你能发觉这种邪念有走向物欲或情欲方向的可能，你就应该立刻用理智把这种欲念拉回正路上去。只要坏的念头一产生你就立刻有所警觉，当你有所警觉就立刻设法来挽救，这才是扭转灾祸为幸福、改变死亡为生机的重要关头，所以你绝对不可以轻易放过这邪念产生的一刹那。

【原文】

　　生长富贵家中，嗜欲如猛火，权势似烈炎，若不带些清冷气味，其火焰不至焚人，必将自烁矣。

【译文】

　　一个生长在富豪权贵之家的人，物质享受方面可以说应有尽有，因此就会养成各种不良嗜好和喜欢作威作福的个性；但是不良嗜好对人体的危害就如烈火，作威作福专权弄势的脾气对心性的腐蚀就如凶焰；假如不及时给他一点清凉冷淡的观念来缓和一下他强烈的欲望，那猛烈的欲火即便不使他粉身碎骨，早晚有一天也必然会像引火自焚般把他毁灭。

【原文】

静中念虑澄澈，见心之真体；闲中气象从容，识心之真机；淡中意趣冲夷，得心之真味。观心证道，无如此三者。

【译文】

一个人只有在宁静中心绪才会像秋水一般清澈，这时才能发现人性真正的本源；一个人只有在闲暇中气概才会像万里晴空一般舒畅悠闲，这时才能发现人性的真正灵魂；一个人只有在淡泊明志中内心才会像平静无波的湖水一般谦冲和蔼，这时才能获得人生的真正道理，再也没有比这种观人之术更好的了。

【原文】

人心一真，便霜可飞，城可陨，金石可镂，若伪妄之人，形骸徒具，真宰已亡，对人则面目可憎，独居则形影自愧。

【译文】

一个人的精神修养功夫如果能达到至诚地步，就可感动上天变不可能为可能，例如邹衍受了委屈上天竟在盛夏之日下霜为他打抱不平，而杞植的妻子由于悲痛丈夫的战死竟然哭倒了城墙，就连最坚固的金石也会由于真诚的精神力量而把它完全雕凿贯穿。反之一个人如果心存虚伪邪恶的念头，那他只不过是空有人的形体架势而已，其实他的灵魂早已经死亡，并且由于心术不正会使人觉得讨厌，更由于坏事做得太多，当夜深人静一个人躺在床上时，就会忽然良心发现，这时不由得面对自己的影子看看，顿时觉得万分羞愧。

【原文】

贞士无心求福，天即就无心处牖其衷；险人着意避祸，天即就着意中夺其魄。可见天之机权最神，人之智巧何益？

【译文】

一个志节坚贞不二的君子，虽然不想追求自己的福祉，可是上天却在他无意之间来引诱他内心想要得到的福分；一个行为邪恶不正的小人，虽然用尽心机妄想逃避灾祸，可是上天却在他巧用心机时来剥夺他的精神气力使他蒙受灾祸。由此观之，上天对于权力的运用真可说是神奇无比变化莫测极具玄机，人类平凡无奇的智慧在上天面前实在无计可施。

【原文】

文章作到极处，无有他奇，只是恰好；人品作到极处，无有他异，只是本然。

【译文】

一个人写文章写到登峰造极的境界时，说来并没有什么特别奇妙的地方，只是把自己内心的感情和思想表达到恰到好处而已；一个人的品德修养如果达到炉火纯青的最高境界时，其实和普通人相比并没有什么特别的地方，只是使自己的精神回归到纯真朴实的本然之性而已。

【原文】

欹器以满覆，扑满以空全；故君子宁居无不居有，宁处缺不处完。

【译文】

欹器因为装满了水才倾覆，扑满由于空无一物才得以保全。所以一个品德高尚的君子，宁愿处于无争无为的地位，也不要站在有争有夺的场所；日常生活宁可感到缺欠一些，也不要求过分美满。

【原文】

处父兄骨肉之变，宜从容不宜激烈；遇朋友交游之失，宜剀切不宜优游。

【译文】

当你不幸遇到父母兄弟或骨肉至亲之间发生家庭纠纷或人伦惨变事故时，你应该忍住悲痛的心情，保持沉着的态度，绝对不可以感情用事，采取激烈言行而把事情弄得更坏；当你跟知心好友交往时，万一遇到朋友犯了什么过失，你应该很亲切诚恳地来规劝他，绝对不可以怕得罪他而眼看着他继续错下去。

【原文】

遇沉沉不语之士，且莫输心；见悻悻自好之人，应须防口。

【译文】

假如你遇到一个表情阴沉沉而不喜欢说话的人，千万不要马上就推心置腹跟他作朋友；假如你遇到一个满脸傲气自以为了不起的人，就要尽量小心谨慎不和他说话。

【原文】

小处不渗漏，暗处不欺隐，末路不怠荒，才是个真正英雄。

【译文】

一个人做人做事必须处处小心谨慎，就是细微的地方也不可粗心大意；即使是待在没人听见没人看见的地方，也绝对不可以做见不得人的坏事；尤其当你穷困潦倒不得意的时候，仍旧不要忘掉奋发上进的雄心壮志。这样的人才算得上是真正有作为的英雄好汉。

【原文】

害人之心不可有，防人之心不可无，此戒疏于虑也；宁受人之欺，毋逆人之诈，此警伤于察也；二语并存精明而浑厚矣。

【译文】

"害人之心不可有，防人之心不可无"这句话是用来劝诫在与人交往时警觉性不够高的人,"宁可忍受他人的欺骗,也不愿在事先拆穿人家的骗局"这句话是用来劝诫那些警觉性过高的人。假如一个人在和人相处时能牢记上面两句话,就算得上警觉性高又不失纯朴宽厚的为人之道。

【原文】

千金难结一时之欢,一饭竟致终身之感,盖爱重反为仇,薄极反成喜也。

【译文】

人与人之间的相处如不投机,即使你拿出价值千金的重赏或恩惠,也难以打动对方的心而跟你合作;一个人假如有良心而又非常知恩重道,即使是你在他穷困时给他一顿饭的小小恩惠,他也必然一生不忘此事永远心存感激回报之心。人间有一种微妙的心理现象,就是当一个人爱一个人爱到极点时,如果一不小心感情处置不当,就会翻脸成仇;还有就是平日你非常不重视的一些人,只要你某日突然对他们施一点小惠,他们就会受宠若惊对你表示好感。

【原文】

父慈子孝,兄友弟恭,纵作到极处,俱是合当如此,着不得一毫感激的念头。如施者任德,受者怀恩,便是路人,便成市道矣。

【译文】

父母对子女的慈祥,子女对父母的孝顺,兄姐对弟妹的爱护,弟妹对兄姐的尊敬等等,即使拿出最大爱心做到最完美的境界,也都是骨肉至亲之间所应当这样做的,因为这完全是出于人类与生俱来的天性,彼此之间绝对不可以存有一点感激的想法。假如父母养育子女,兄姐友爱弟妹,个个都怀着一颗思恩图报的心;子女对父母的孝顺,弟妹对兄姐的尊敬，也都怀着感恩图报的心，那就等于把骨肉至亲变成了路上的陌生人，而且也把出自真诚的骨肉之情变成了一种市井交易。

【原文】

藏巧于拙，用晦而明，寓清于浊，以屈为伸，真涉世之一壶，藏身之三窟也。

【译文】

做人宁可装得笨拙一点也不可显得太聪明，宁可收敛一点也不可锋芒毕露，宁可随和一点也不可太自命清高，宁可退缩一点也不可太积极前进，这才是立身处世最有用的救命法宝，这才是明哲保身最有用的狡兔三窟。

【原文】

有妍必有丑为之对，我不夸妍，谁能丑我？有洁必有污为之仇，我不好洁，谁能污我？

【译文】

大凡人间的事情，有美好的就有丑陋的作对比，假如我不自夸其德说自己美好，又有谁会讽刺我丑陋呢？大凡世上的东西，有洁净的就有肮脏的作对比，假如我不养成过分爱好清洁的洁癖，又有谁会来讽刺我肮脏呢？

【原文】

衰飒的景象就在盛满中，发生的机缄即在零落内；故君子居安宜操一心以虑患，处变当坚百忍以图成。

【译文】

大凡衰败的现象往往是很早就在得意时种下祸根,大凡机运的转变多半是在失意时就已经种下善果。所以一个有才学有修养的君子,在平安无事时,要留心保持自己的清醒理智,以便防范未来某种祸患的发生;一旦处身于变乱灾难之中,就要拿出毅力咬紧牙关继续奋斗,以便策划未来事业的最后成功。

【原文】

炎凉之态，富贵更甚于贫贱；妒忌之心，骨肉尤狠于外人。此处若不当以冷肠，御以平气，鲜不日坐烦恼障中矣。

【译文】

人情高低、冷暖、厚薄的变化，在富贵之家比贫穷人家更鲜明；而嫉妒、怨恨、猜忌的心理，在兄弟姐妹骨肉至亲之间比跟陌生人显得更厉害。在这种地方假如不能用冷静的态度来应付这种人情上的变化，或者不能用理智来压抑自己不平的情绪，那就很少有人能不陷于有如日坐愁城中的烦恼状态。

【原文】

当怒火欲水正腾沸处，明明知得，又明明犯著。知的是谁，犯的又是谁？此处能猛然转念，邪魔便为真君矣。

【译文】

当愤怒像熊熊烈火一般上升、欲念犹如开水一般在心头翻滚时，虽然明知这是不对的，可是又眼睁睁地不加控制。知道这种道理的是谁呢？明知故犯的又是谁呢？假如当此紧要关头能够突然改变观念，那么邪魔恶鬼也就变成慈祥的上帝了。

【原文】

功过不容少混，混则人怀惰堕之心；恩仇不可太明，明则人起携贰之志。

【译文】

长官对于部属的功劳和过失，不可有一点模糊不清，假如功过不明就会使部下心灰意懒不肯努力工作；一个人对于恩惠和仇恨，不可以表现得太鲜明，假如对恩仇太鲜明就容易使部下产生疑心而发生背叛事件。

【原文】

霁日青天，倏变为迅雷震电；疾风怒雨，倏转为朗月晴空。气机可当一毫凝滞？太虚何当一毫障塞？人心之体亦当如是。

【译文】

当万里晴空艳阳高照之时，会突然乌云密布雷雨交加，会突然皓月当空万里无云。可见主宰气候变化的大自然一时一刻也不会停顿，而天体的运行也不会发生丝毫的错误或混乱，所以我们人类心理也要像大自然一般，使喜怒哀乐的变化合乎理智准则。

【原文】

锄奸杜倖，要放他一条去路。若使之一无所容，譬如塞鼠穴者，一切去路都塞尽，则一切好物俱咬破矣。

【译文】

要想铲除邪恶之徒杜绝投机取巧专走后门的小人，有时也要斟酌实情给他们留一条改过自新的路。反之，如果逼得他们走投无路毫无立足之地，那就等于为了消灭一只老鼠就堵死一切鼠洞，固然把老鼠的一切逃路都堵死了，可是所有好东西却也都被老鼠咬坏了。

【原文】

觉人之诈不形于言，受人之侮不动于色，此中有无穷意味，亦有无穷受用。

【译文】

　　当我们发觉被人家欺骗时不要立刻说出来,当我们遭受人家侮辱时也不要立刻生气。因为一个人能够有吃亏忍辱的胸襟,在人生旅途上自然会觉得有无穷妙处,而且对你的前途事业也有一生受用不尽之感。

【原文】

谢事当谢于正盛之时,居身宜居于独后之地。

【译文】

一个人要想退隐田园不再过问世事,应该在事业的顶峰阶段急流勇退,因为只有这样才能使你的英名永垂不朽。一个人平时居家度日,最好是住在一个与世无争的清静地区,因为只有这样才能使你收到修身养性的实效。

【原文】

横逆困穷是锻炼豪杰的一副炉锤,能受其锻炼则身心交益,不受其锻炼则身心交损。

【译文】

人间一切的横逆、灾难和困苦相当于是磨炼英雄豪杰心性的烘炉和铁锤,只要能够接受这种锻炼的人,对他的肉体与精神都会有好处;反之,如果承受不了这种恶劣环境煎熬的人,对他的肉体和精神都会造成伤害。

【原文】

交市人不如友山翁,谒朱门不如亲白屋,听街谈巷语不如闻樵歌牧咏,谈今人失德过举不如述古人嘉言懿行。

【译文】

与其交一个市井商人作朋友,不如交一个隐居山野的老人;与其巴结富贵豪门,不如亲近布衣百姓;与其谈论街头巷尾的是是非非,不如多听一些樵夫的民谣和牧童的山歌；与其批评现代人的错误过失，不如多传述一些古圣先贤的格言善行。

【原文】

吾身一小天地也，使喜怒不愆，好恶有则，便是燮理的功夫；天地一大父母也，使民无怨咨，物无氛疹，亦是敦睦的气象。

【译文】

我们自己的身体就等于是一个小世界，不论高兴与愤怒都不可以犯下过失，尤其对于所喜好的和所厌恶的东西也要有一定标准，这就是做人的谐和调理功夫；大自然就如同全人类的父母，负责养育人民让每个人都没有牢骚怨尤，使事物都能没有灾害而顺利成长，这也是造物者的一番亲善友好恩德。

【原文】

心者后裔之根，未有根不植而枝叶荣茂者。

【译文】

一个人能有一颗善良的心，就等于给后代子孙种下了幸福的根苗。这就如同栽花植树一般，因为世间没有不把花木栽在土地内，就能使花木枝叶繁茂而开花结果的。

【原文】

善人未能急亲不宜预扬，恐来谗谮之奸；恶人未能轻去不宜先发，恐遭媒蘖之祸。

【译文】

要想结交一个有修养的人不必急着跟他接近,也不必事先赞扬他,为的是避免引起坏人的嫉妒而在背后说坏话;假如想摆脱一个心地险恶的坏人,绝对不可以草率行事随便把他打发走,尤其不可以打草惊蛇让他知道,以免遭受这种坏人的报复或陷害等灾祸。

【原文】

前人云:"抛却自家无尽藏,沿门持钵效贫儿。"又云:"暴富贫儿休说梦,谁家灶里火无烟?"一箴自昧所有,一箴自夸所有,可为学问切戒。

【译文】

以前的人说:"放弃自己家中的大量财富,模仿穷人拿着钵沿街去乞讨。"又说:"一个突然暴富的穷人,千万不要老向人家炫耀自己的财富,其实哪个人家的炉灶不冒烟呢?"上面这两句谚语,一句是忠告那些看不见自己所有的人,一句是忠告那些夸耀自己财富的人,这些都是作学问的人必须彻底戒除的事。

【原文】

青天白日的节义,自暗室漏屋中培来;旋乾转坤的经纶,自临深履薄处缲出。

【译文】

大凡光明磊落的伟大人格和节操,可说都是蓬门敝户的艰苦环境中磨练出来的;凡是足可治国平天下的伟大政治韬略,都是从小心谨慎的做事态度中磨炼出来的。

【原文】

道是一种公众物事，当随人而接引；学是一个寻常家饭，当随事而警惕。

【译文】

人生的道理就像一条大马路，人人都可以走，人人都必须走，所以应该顺着人性去引导；作学问就像每个人吃家常便饭那样普遍，因而应该随着事物的变化留心观察和提高警觉。

【原文】

爵位不宜太盛，太盛则危；能事不宜尽毕，尽毕则衰；行谊不宜过高，过高则谤兴而毁来。

【译文】

一个人的爵禄官位不可以太高，如果太高就会使自己陷于危险状态；一个人的才干本事不可以一下子都发挥出来，如果都发挥出来就会由于江郎才尽而陷于没落；一个人的品德行为不可以标榜太高，如果太高就会遭到无缘的毁谤和中伤。

【原文】

信人者，人未必尽诚，己则独诚矣；疑人者，人未必皆诈，己则先诈矣。

【译文】

一个肯信任别人的人，虽然别人未必全都是诚实的，但是起码自己先做到了诚实；一个常怀疑别人的人，虽然别人未必都是虚诈的，但是自己已经先成为虚诈的人。

【原文】

恶忌阴，善忌阳。故恶之显者祸浅，而隐者祸深；善之显者功小，而隐者功大。

【译文】

一个人做了坏事最怕的是不容易被人发觉，做了好事最忌讳的是自己宣扬出去。所以做坏事如果能侥幸及早被人发现那灾祸就会小，反之如果不容易被人发现那灾祸就会大；如果一个人做了好事而自己宣扬出去那功劳就会小，只有在暗中默默行善功劳才会大。

【原文】

遇故旧之交，意气要愈新；处隐微之事，心迹宜愈显；待衰朽之人，恩礼当愈隆。

【译文】

偶尔遇到多年不见的老友时，情意要特别真诚气氛要特别热烈；偶尔处理某件秘密事情时，居心要特别坦诚态度要特别开朗；偶尔服待身体衰弱的老人时，举止要特别殷勤，礼节要特别周到。

【原文】

德者才之主，才者德之奴。有才无德，如家无主而奴用事矣，几何不魍魉猖狂？

【译文】

一个人的品德是才学才干的主人，而才学才干只不过是品德的奴隶而已。所以一个人假如只有才学才干而没有品德修养，就等于一个家庭没有主人而由奴隶当家，这样哪有不使家中遭受精灵鬼怪肆意害人之理？

【原文】

勤者敏于德义，而世人借勤以济其贫；俭者淡于货利，而世人假俭以饰其吝。君子持身之符，反为小人营私之具矣，惜哉！

【译文】

一个勤奋的人应该尽心尽力在品德和义理上下功夫，可是一般人却都仰仗勤奋来解决自己的穷困；一个俭朴的人应该把财货和利益看得很淡泊，可是一般人却假借俭朴来掩饰自己的吝啬。勤奋和俭朴本来是有德君子立身处世的信条，不料反倒成为市井小人图谋私利的工具，说来也真是令人感到惋惜。

【原文】

当与人同过，不当与人同功，同功则相忌；可与人共患难，不可与人共安乐，安乐则相仇。

【译文】

要有跟人共同承担过失的雅量，不可有跟人共享功劳的念头，因为共享功劳彼此就会互相猜忌；可以有跟人共患难的胸襟，不可以有跟人共安乐的贪心，因为共安乐彼此之间就会互相仇视。

【原文】

凭意兴作为者，随作则随止，岂是不退之轮；从情识解悟者，有悟则有迷，终非常明之灯。

【译文】

一个凭一时感情冲动做事的人，等到五分钟热度一过事情也就跟着停顿下来，这哪里是能维持长久奋发上进的做法呢？一个从情感出发去领悟真理的人，有时能领悟有时也会被感情所迷惑，所以这种做法也不是一种永久光亮的灵智明灯。

【原文】

饥则附，饱则扬，燠则趋，寒则弃，人情通患也。

【译文】

穷困饥饿时就投靠人家,吃饱了就远走高飞,遇到有钱的就去巴结,看见贫困的亲友就鄙弃不顾,这就是一般人所容易犯的通病。

【原文】

恩宜自淡而浓，先浓后淡者，人忘其惠；威宜自严而宽，先宽后严者，人怨其酷。

【译文】

对人施恩惠要先从淡而逐渐变厚，假如先厚而逐渐变淡，就容易使人忘怀这种恩惠，对人施威风要先从严而逐渐变宽，假如先宽而逐渐变严，那部属会怨恨你冷酷无情。

【原文】

德随量进，量由识长。故欲厚其德，不可不弘其量；欲弘其量，不可不大其识。

【译文】

一个人的品德、气度、经验三者是不可分离的，因为品德会随着气度的宽宏而增长，气度也会由于丰富的人生经验而更为宽宏。因此想要增长自己的品德，就不能不使自己的气度宽宏，要宽宏自己的气度，就不能增长自己的生活历练。

【原文】

心虚则性现，不息心而求见性，如拨波觅月；意净则心清，不了意而求明心，如索镜增尘。

【译文】

只有在内心了无一丝杂念时，人的善良本性才会出现，假如不使心神宁静而想发现本性，那就像拨开水波来找水中之月一般，越拨越是找不到；只是在意念清纯时脑海才会清明，假如不铲除烦恼而想心情开朗，那就等于想在落满灰尘的镜子前面照出自己的样子，根本是照不清的。

【原文】

反己者，触事皆成药石；尤人者，动念即是戈矛。一以辟众善之路，一以至诸恶之源，相去霄壤矣。

【译文】

一个肯经常自我反省的人，那他日常不论接触什么事物，都会变成警惕自己的良药；一个经常怨天尤人的人，只要他的思想观念一动，就全是带来杀气的邪恶想法。可见自我反省是使一个人通往行善的唯一途径，而怨天尤人却是走向各种罪恶的源泉，两者之间真是有天壤之别。

【原文】

阴谋怪习，异行奇能，俱是涉世祸胎。只一个庸德庸行，便可以完混沌而召和平。

【译文】

阴谋诡计，怪异的言行，奇怪的技能，这些都是招致社会灾乱的根源。只有那种平庸的德性和寻常的言行，才合乎自然法则而成为维护社会和平的宝器。

【原文】

事业文章随身销毁，而精神万古如新；功名富贵逐世转移，而气节千载一日：君子信不当以彼易此也。

【译文】

一般来说事业和文章，都会随着人的死亡而消失，只有圣贤的精神才万古不朽；至于说到功名利禄和富贵荣华，更会随着时代的变迁而转移，唯独忠臣义士的志节才会永远留在人间。可见一个有才德的君子，绝对不可以放弃能留名青史的千秋万世的气节，去换取会随身销毁的短暂的事业和文章。

【原文】

饮宴之乐多,不是个好人家;声华之习胜,不是个好士子;名位之念重,不是个好臣士。

【译文】

经常举行酒会宴客作乐的,绝对不是一个正派的家庭;喜欢靡靡之音和爱穿华丽艳服的,绝对不是一个正派的读书人;名利和权位观念太重的,绝对不是一个好官吏。

【原文】

鱼网之设,鸿则罹其中;螳螂之贪,雀又乘其后。机里藏机,变外生变,智巧何足恃。

【译文】

本来是一张为捕鱼而设的网,不料鸿雁竟落在网中;贪婪的螳螂一心想吃眼前的蝉,不料后面却有一只黄雀想要吃它。可见天地之间万物的道理实在太奥妙,玄机中还藏有另外的玄机,变幻中还会发生另外的变幻,人类的智慧和计谋又有什么可仗恃的呢?

【原文】

世人以心肯处为乐,欲被乐心引在苦处;达士以心拂处为乐,终为苦心换得乐来。

【译文】

普通人都认为能满足心愿就是一大快乐,然而常常被快乐引诱到痛苦中;一个胸怀旷达目光远大的人,由于平日能忍受各种横逆不如意的折磨，终于在艰苦中换来真快乐。

【原文】

作人无点真恳念头，便成个花子，事事皆虚；涉世无段圆活机趣，便是个木人，处处有碍。

【译文】

一个人做人假如没有一点真诚恳切的心意，就会变成一个绣花枕头，不论做什么事情都不踏实；一个人生活在世界上如果没有一点圆通灵活和随机应变的情趣，就等于是一个没有生命的木头人，不论做什么事都会遇到阻碍。

【原文】

居盈满者，如水之将溢未溢，切忌再加一滴；处危急者，如木之将折未折，切忌再加一搦。

【译文】

生活在幸福美满的环境中，就像已经装满了水的水缸，千万不能再增加一滴，因为一旦增加就会立刻流出来；生活在危险急迫的环境中，就像快要折断的树木，千万不能再施加一点力，否则树木就会有立刻折断的危险。

【原文】

水不波则自定，鉴不翳则自明。故心无可清，去其混之者而清自现；乐不必寻，去其苦之者而乐自存。

【译文】

没有被风吹起波浪的水面自然是平静的，没有被尘土遮盖的镜面自然是明亮的。所以人类的心灵根本就无须刻意清洗，我们只要除去心中的邪念，那平静明亮的心灵自然会出现；而日常生活的乐趣也根本不必主动去追求，我们只要排除内心的一切痛苦和烦恼，那么快乐幸福的生活自然会呈现在我们眼前。

【原文】

闻恶不可就恶，恐为谗夫泄怒；闻善不可即亲，恐引奸人进身。

【译文】

听到人家有过错或做了坏事，不可马上就起厌恶之心，必须经过自己一番冷静的观察，判断一下传话的人是否有诬陷泄愤的意图；听到某人有善行做了好事，也不要立刻就相信他亲近他，必须经过自己一番冷静观察，以免被那些奸人作为谋官求职的手段。

【原文】

有一念而犯鬼神之禁，一言而伤天地之和，一事而酿子孙之祸者，最宜切戒。

【译文】

假如有一种邪恶的观念触犯了鬼神的禁忌，或者有一句话破坏了人间祥和之气，或者做了一件伤天害理的事而为后代子孙留下祸患，所有这些行为都必须特别加以警惕绝不能去做。

【原文】

用人不宜刻，刻则思效者去；交友不宜滥，滥则贡谀者来。

【译文】

用人要宽厚而不可太刻薄,因为用人如果太刻薄,即使想为你效力的人,也会由于受不了你的刻薄而设法离去;交友不可太浮滥,因为交友如果太浮滥,那些善于逢迎谄媚的人都会设法接近来到你的身边。

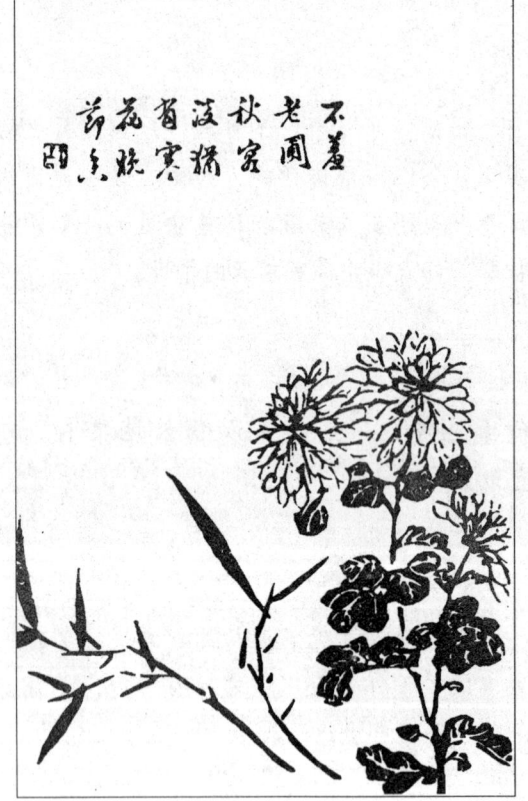

【原文】

事有急之不白者宽之或自明,毋躁急以速其忿;人有操之不从者纵之或自化,毋躁切以益其顽。

【译文】

世间有很多事情,你越是急着想弄明白越是糊涂,所以倒不如暂时放下不管,也许头脑冷静之后自然就弄明白了,千万不可太急躁,以免增加情绪上的紧张气氛;世上有很多人,你指挥他他根本不愿服从,这时倒不如放下他不管,让他自由发展,如此他自己也许会慢慢觉悟过来,千万不能操之过急,以免更增加他的专横和固执。

【原文】

节义之人济以和衷,才不启忿争之路;功名之士承以谦德,方不开嫉妒之门。

【译文】

一个崇尚节义的人,他对世事的看法容易流于偏激,所以必须用温和的胸怀来调剂,才不致于跟人发生意气之争。一个在政治上有成就的人,必须经常保持谦恭和蔼的美德,因为只有这样才不会招致人们的嫉妒。

【原文】

节义傲青云,文章高白雪,若不以德性陶之,终为血气之私技能之末。

【译文】

气节和正义足可鄙视任何达官贵人,而生动感人的文章足可胜过

"白雪"名曲，然而如果不用高深的道德来陶冶，这些所谓的气节和正义不过是出于一时意气用事或感情冲动，而生动的文章也无非是微不足道的雕虫小技。

【原文】

士大夫居宜不可竿牍无节，要使人难见，以杜邪端；居乡不可崖岸太高，要使人易见，以敦旧好。

【译文】

一个做了官的读书人，对于求荐的书信不能毫无节制地接待，处人要保持一种严肃恭谨的态度，对于有所求的人要尽量少接见，以防范那些投机取巧奔走钻营的人。一个退休了的读书人，当你隐居田园乡间以后，就不能再摆那种高不可攀的官架子，平日跟家乡父老要表现出和蔼可亲的态度，以便敦睦亲族邻里的感情。

【原文】

为善不见其益，如草里冬瓜自应暗长；为恶不见其损，如庭前春雪，当必潜消。

【译文】

一个经常做好事的人，虽说表面上看不出有什么好处，但是善人就像一个长在草丛中的冬瓜，自然会在暗中一天天长大；一个经常做坏事的人，虽说表面上看不出有什么坏处，但是恶人就像春天院子里的积雪，只要阳光一照射自然就会融化消失。

【原文】

大人不可不畏，畏大人则无放逸之心；小民亦不可不畏，畏小民则无豪横之名。

【译文】

　　对于一个有高深道德修养的人不可不抱敬畏的态度，因为敬畏有道德有名望的人就不会有放纵安逸的想法；同时对于贩夫走卒的平民也不可不抱有敬畏的态度，因为敬畏平民就不会有豪强蛮横不讲理的恶名。

【原文】

我贵而人奉之，奉此峨冠大带也；我贱而人侮之，侮此布衣草履也。然则原非奉我，我胡为喜？原非侮我，我胡为怒？

【译文】

我有权有势人们就奉承我，这是奉承我的官位和纱帽；我贫穷低贱人们就轻视我，这是轻视我的布衣和草鞋。可见人们根本不是奉承我，我为什么要高兴呢？根本不是轻视我，我又为什么要生气呢？

【原文】

事稍拂逆，便思不如我的人，则怨尤自清；心稍怠荒，便思胜似我的人，则精神自奋。

【译文】

当你事业不如意而处于逆境时，就应想想那些不如你的人，这样你就不会再怨天尤人；当你事业很如意而精神松懈时，只要想想比我更强的人，那你的精神就自然振奋起来。

【原文】

"为鼠常留饭，怜蛾不点灯。"古人此等念头，是吾人一点生生之机。无此，便所谓土木形骸而已。

【译文】

"为了不让老鼠饿死，就经常留一点剩饭给他们吃，为了可怜飞蛾被灯烧死，夜晚只好不点灯。"古人的这种慈悲心肠，就是我们人类繁衍不休的生机，假如人类没有这一点点相生不绝的生机，那人类就变成一具没有灵魂的躯壳，如此也不过和泥土树木相同而已。

【原文】

善读书者，要读到手舞足蹈处，方不落筌蹄；善观物者，要观到心融神洽时，方不泥迹象。

【译文】

一个真正懂得读书的人，要读到心领神会手舞足蹈的境界，才不会只背诵文章词句而不明书中真理；一个真正擅长观察事物的人，必须把全部精神都注入到事物当中跟事物结合成一体，才不致于只看到事物的表面形迹而不明真相。

【原文】

心体便是天体，一念之喜，景星庆云；一念之怒，震雷暴雨；一念之慈，和风甘露；一念之严，烈日秋霜，何者少得，只要随起随灭，廓然无碍，便与太虚同体。

【译文】

人类的本原就是宇宙的本原，也就是人的灵性跟大自然现象是一体的，所以人心就是天心，人体就是天体。人在一念之间的喜悦，就如同大自然有景星庆云的祥瑞之气；人在一念之间的愤怒就如同大自然有雷电风雨的暴戾之气；人在一念之间的慈悲，就如同大自然有和风甘霖的生生之气；人在一念之间的冷酷，就如同大自然有烈日秋霜的肃杀之气。人有喜怒哀乐的情绪，又有风霜雨露的变化，不过大自然的变化随时兴起随时幻灭，对于生生不息的广大宇宙毫无阻碍。人的修养假如也能达到这种境界，就可以和天地同心同体了。

【原文】

至人何思何虑，愚人不识不知，可与论学亦可与建功，唯中才的人，多一番思虑知识，便多一番臆度猜疑，事事难于下手。

【译文】

智慧道德都超凡的人，他们心胸开朗时任何事物都无忧无虑，因此遇事不存疑心，反之那些天赋愚鲁的人，终日糊里糊涂脑中一片空白，因此遇事不懂勾心斗角。这两种人既可和他们一起研究学问，也可和他们一起建功立业，唯独那些资赋中等的人，智慧不高，却什么都懂一点，这种人遇事考虑既多猜疑心也极重，所以什么事都难和他们合作完成。

【原文】

士君子处权门要路，操履要严明，心气要和易，毋少随而近腥膻之党，亦毋过激而犯蜂蜜之毒。

【译文】

一个具有高深才德的读书人，当身居政治上的重要地位时，操守必须严谨方正行为要光明磊落，心境要平和稳健气度要宽宏大量，绝对不可接近或附和营私舞弊的奸党，但是也不要过分偏激而触怒那些阴险狠毒的小人。

【原文】

口乃心之门，守口不密，泄尽真机；意乃心之足，防意不严，走尽邪路。

【译文】

　　嘴是心的大门,假如大门防守不严,家中机密就会全部泄露;意志是心的双脚,假如意志不坚定,就像跛脚一样会走入邪路。

【原文】

标节义者，必以节义受谤；榜道学者，常因道学招尤。故君子不近恶事，亦不立善名，只浑然和气，才是居身之珍。

【译文】

一个爱好标榜节义的人，到头来必然为了节义而受人批评毁谤；一个标榜道学的人，经常由于道学而招致人们的抨击指责。因此一个真正有修养的君子，平日既不接近坏人做坏事，也不标奇立异建立声誉，只是保留那种纯朴、敦厚、和蔼的气质，这才是一个人立身处世的无价之宝。

【原文】

君子处患难而不忧，当宴游而惕虑；遇权豪而不惧，对茕独而惊心。

【译文】

君子虽然生活在患难恶劣的环境中也绝对不忧愁，可是当他参加宴饮游乐时却知道警惕，以免使自己在无意中误入迷途；君子即使遇到有权有势蛮不讲理的人也绝对不畏惧，但是当他遇到孤苦无依的老弱时却具有同情心。

【原文】

语云："登山耐侧路，踏雪耐危桥。"一耐字极有意味，如倾险之人情，坎坷之世道，若不得一耐字撑持过去，几何不堕入榛莽坑堑哉？

【译文】

俗语说:"爬山要耐得住斜坡上的险径,走雪路要有耐心过危险的桥梁。"可见这一个"耐"字具有极深长的意义,就像险诈奸邪的人情,坎坷不平的人生道路,假如没有这一个"耐"字苦撑下去,有几个人不会堕落到杂草丛生的深沟里呢?

【原文】

桃李虽艳,何如松苍柏翠之坚贞?梨杏虽甘,何如橙黄桔绿之馨冽?信乎!浓夭不及淡久,早秀不如晚成也。

【译文】

桃树和李树的花朵虽然艳丽夺目,但是怎比得上一年四季永远苍翠的松树柏树那样坚贞呢?梨和杏的滋味虽然香甜甘美,但是怎比得上桔子和橙子经常飘散着清淡芬芳呢?的确不错,容易消逝的美色远不如清淡持久的芬芳,同理一个人少年得志远不如大器晚成。

【原文】

逞功业,炫耀文章,皆是靠外物作人。不知心体莹然本来不失,即无寸功只字亦有自堂堂正正作人处。

【译文】

夸大自己的丰功伟业,炫耀自己的美妙文章,这都是靠外物增加自身光彩来博取他人赞誉。岂不知我们人人内心都有一块洁白晶莹的美玉,所以我们只要不丧失人类原有的纯朴善良本性,即使在一生之中没留半点功勋事业,也没留下片纸只字的著作文章,也算是一个顶天立地光明正大的人。

【原文】

风恬浪静中,见人生之真境;味淡声希处,识心体之本然。

【译文】

一个人在宁静平淡的安定环境中,才能发现人生的真正境界;一个人在粗茶淡饭的清苦生活中,才能体会人性的真实面目。

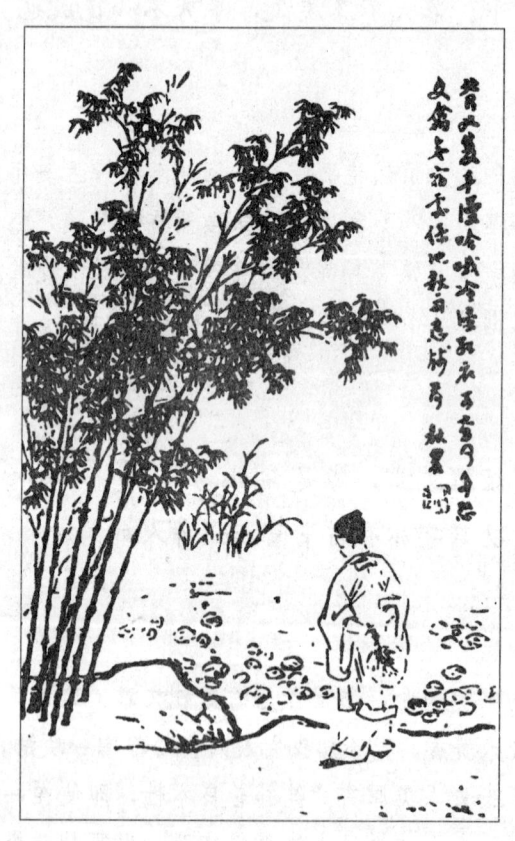

【原文】

居官有二语,曰"唯公则生明,唯廉则生威";居家有二语,曰"唯恕则清平,唯俭则用足"。

【译文】

当官有两句必须遵守的箴言,这就是"态度公正无私才能产生明确判断,行为清白廉洁才能使人敬服";治家有两句必须遵守的箴言,这就是"多替别人设想心情自然平和,生活节俭朴素家用自然充足"。

【原文】

山河大地已属微尘,而况尘中之尘;血肉身躯且归泡影,而况影外之影。非上上智,无了了心。

【译文】

就整个宇宙的无限空间来说,我们所住的地球犹如一粒尘埃,可见地球上的小小生物和无边的宇宙相比真是小得可怜;就漫长绵延无限的时间来说,我们的躯体只不过犹如短暂的浪花泡沫,可见那些比生命更短暂的功名利禄,如果和万古无尽的时间相比真像过眼烟云。一个没有高尚智慧的人,是无法彻悟这种道理的。

【原文】

持身不可太皎洁,一切污辱垢秽要茹纳得;与人不可太分明,一切善恶贤愚要包容得。

【译文】

立身处世不可太自命清高,对于一切羞辱、委屈、毁谤、脏污都要容忍才行；与人相处不可善恶分得太清，不管是好人、坏人、智者、愚者都要包容才行。

【原文】

花居盆内终乏生机，鸟入笼中便减天趣；不若山间花鸟错集成文，翱翔自若自是悠然会心。

【译文】

花被栽植在盆里就显得缺乏自然生机，飞鸟被关进笼中就会减少天然情趣，不如山间的野花和野鸟那样显得艳丽自在，因为它们自由生存于大自然景色中，看起来总比经过人工修饰的显得赏心悦目。

【原文】

休与小人结仇，小人自有对头；休向君子谄媚，君子原无私惠。

【译文】

不要跟行为恶劣的小人结仇，因为小人自然有人和他为敌；不要向品德修养高的君子以不正当手段献殷勤，因为君子为人处世不会为了私情而给人特别恩惠。

【原文】

世人只缘认得我字太真，故多种种嗜好种种烦恼。前人云："不复知有我，安知物为贵？"又云："知身不是我，烦恼更何侵？"真破的之言也。

【译文】

只因世俗之人把"我"看得太重，所以才会产生种种嗜好种种烦恼。

古人说:"假如已经不知道有我的存在,又如何能知道物的可贵呢?"又说:"假如能明白,就连身体也在幻化中,一切都不是我所能掌握所能拥有的,那世间还有什么烦恼能侵害我呢?"这是一句至理名言。

【原文】

纵欲之病可医,而势理之病难医;事物之障可除,而义理之障难除。

【译文】

放纵情欲的毛病还有医治矫正的可能,而自以为是顽固不化的毛病却无医治希望;事理和物理上的障碍还可以铲除,但是义理和品德上的障碍却难排除。

【原文】

自老视少,可以消奔驰角逐之心;自瘁视荣,可以绝纷华靡丽之念。

【译文】

一个人假如能从老年回头来看少年时代的往事,就可以消除很多争强斗胜的心理;一个人假如能从没落世家回头去看荣华富贵的往事,就可以消除奢侈豪华的念头。

【原文】

磨励当如百炼之金,急就者非邃养;施为宜似千钧之弩,轻发者无宏功。

【译文】

磨砺身心要像炼钢一般反复陶冶,假如急着希望成功就不会有高深的修养；做事要像拉开千钧的大弓一般，假如随便发射就不会收到好的效果。

【原文】

人情世态，倏忽万端，不宜认得太真。尧夫云："昔日所云我，而今却是伊。不知今日我，又属后来谁？"人常作如是观，便可解却胸中挂矣。

【译文】

人情冷暖世态炎凉的变化，真是错综复杂瞬息万变，所以对任何事都不要太认真。宋儒邵雍说："以前所说的我，如今却变成了他；还不知道今天的我，到头来又会变成谁？"一个人假如能经常抱这种看法，就可解除心中的一切烦恼。

【原文】

宁为小人所忌毁，毋为小人所媚悦；宁为君子所责备，毋为君子所包容。

【译文】

做人做事宁可遭受小人的猜忌和毁谤，也不要被小人的甜言蜜语所迷惑；做人做事宁可遭受君子的责难和训斥，也不要被君子的宽宏雅量所包容。

【原文】

有一乐境界，就有一不乐的相对待；有一好光景，就有一不好的相乘除。只是寻常家饭素位风光，才是个安乐的窝巢。

【译文】

　　只要有一个快乐的境界，就会有一个不快乐的事物来抵消；只要有一个美好的光景，就会有一个不美好的光景来抵消。可见有乐必有苦有好必有坏，只有平平凡凡安分守己才是最快乐的境界。

【原文】

好利者逸出于道义之外,其害显而浅;好名者窜入于道义之中,其害隐而深。

【译文】

一个好利的人,他的行为超越道义范畴之外,因而就用各种手段逐利,他逐利的祸害很明显,容易使人防范,后患也就不会太大;反之一个好名的人,他为了假借仁义道德来争取人们的拥戴,因此就经常混迹于仁义道德之中而沽名钓誉,他所做的坏事人们也不容易发觉,结果所造成的后果都非常严重。

【原文】

帘栊高敞,看青山绿水吞吐云烟,识乾坤之自在;竹树扶疏,任乳燕鸣鸠送迎时序,知物我之两忘。

【译文】

卷起窗帘远远眺望白云围绕着的山峦,看到烟雾迷蒙青山绿水的景色,才明白大自然该有多么逍遥自在;窗前花木茂盛翠竹摇摆生姿,不时有燕雀和鸽子冬去春来凌空飞过,使我恍然理解到物我一体人我两空。

【原文】

受人之恩虽深不报,怨则浅亦报之。闻人之恶虽隐不疑,善则显亦疑之。此刻之极,薄之尤也,宜切戒之。

【译文】

受人的恩惠虽然很多很大也不设法报答,但是一旦有一点点怨恨就千方百计报复；听到人家的坏事即使很隐约也深信不疑，但是对于人家的好事再明显也不肯相信，这种人可以说刻薄冷酷到了极点，过分的刻薄是做人应该加以戒绝的。

【原文】

知成之必败，则求成之心不必太坚；知生之必死，则保生之道不必过劳。

【译文】

人间万事万物有成功就必然有失败，一个人假如能洞悉这个道理，凡事就不必太积极于成功；天地间的动植物有生就必然有死，一个人假如能明白这个道理，对于自己的养生之道就不必太过于费尽苦心。

【原文】

谗夫毁士，如寸云蔽日，不久自明；媚子阿人，似隙风侵肌，不觉其损。

【译文】

用恶言毁谤或诬陷他人的小人，就像点点浮云遮住太阳一般，只要风吹云散太阳自然重现光明；用甜言蜜语或卑劣手段去阿谀别人的小人，就像从门缝中吹进的邪风侵害皮肤，使人们在不知不觉中受到他的伤害。

【原文】

古德云："竹影扫阶尘不动，月轮穿沼水无痕。"吾儒云："水流任急境常静，花落虽频意自闲。"人常持此意，以应事接物，身心何等自在。

【译文】

　　古代有位高僧说:"竹子被风吹动,它的影子虽然在台阶上掠过,可是地上的尘土并不因此而飞动;月亮的圆轮穿过池水,它的倒影虽然映射在池里,可是却没有在水面上留下痕迹。"儒家一位学者也说:"不论水流如何急湍,只要我能保持宁静的心情,就根本听不到水的声音;花瓣虽然纷纷谢落,只要我的心情常保持悠闲,就不会受到落花的干扰。"一个人假如能抱这种处世态度来待人接物,那么不论是身体还是精神该有多么自由自在呢?

【原文】

山之高峻处无木,而溪谷回环则草木丛生;水之湍急处无鱼,而渊潭停蓄则鱼鳖聚集。此高绝之行,褊急之衷,君子重有戒焉。

【译文】

高耸云霄的山峰地带不长树木,只有溪谷环绕的地方才有各种花草树木,水流特别湍急的地方并无鱼虾栖息,只有水深而且宁静的湖泊鱼类才能大量繁殖。可见过分的清高行为和过分的偏激心理,也跟高山峻岭、湍急的河流相同,都不是容纳生命万物的地方,有德的君子必须严加戒除这种心理。

【原文】

林间松韵,石山泉声,静里听来识天地自然鸣佩;草际烟光,水心云影,闲中观去见乾坤最上文章。

【译文】

轻风徐徐掠过森林,使苍松发出海涛般的乐章;飞瀑奔驰而溅落在岩石上,使岩石发出阵阵冲击声,假如用宁静的心情静听,就能知道大自然所奏乐章的美妙。江边的棵棵芦苇,给人带来一种迷蒙的美感;天空的片片彩云,都倒映在水底中,看起来显得特别绚烂夺目,假如能用清闲的心情来欣赏,就能发现造物主所创造的伟大文章。

【原文】

处世不宜与俗同,亦不宜与俗异;作事不宜令人厌,亦不宜令人喜。

【译文】

人生在世的一切言行，既不能跟俗人同流合污做坏事，也不要自命清高标新立异故意与众不同；尤其是做事时既不可以处处惹人讨厌，也不可以凡事都曲意奉承博取他人的欢心。

【原文】

眼看西晋之荆榛，犹矜白刃，身属北邙之狐兔，尚惜黄金。语云："猛兽易伏，人心难降；溪壑易填，人心难满。"信哉！

【译文】

西晋时代，眼看就要发生亡国大祸，可是一些高官贵族还在那里炫耀自己的武力；汉代皇族死后多半都葬在北邙山，尸体多半都成为山中孤鼠的食物，在世时又何必那样爱惜财富呢？俗谚说："野兽虽然容易制伏，可是人心却难以降服；沟壑虽然容易填平，人的欲望却难以满足。"这真是一句经验之谈。

【原文】

日既暮而独烟霞绚烂，岁将晚而更橙桔芳香，故末路晚年，君子更宜精神百倍。

【译文】

夕阳西下时，天空所出现的晚霞是那么灿烂夺目，深秋季节，金黄色的柑桔正在吐露扑鼻的芳香。所以有德的君子到了晚年更应振作精神奋发有为。

【原文】

心地上无风涛，随在皆青山绿水；性天中有化育，触处见鱼跃鸢飞。

【译文】

　　只要心湖中没有任何风波浪涛，到处所见都是一片青山绿水的美景；只要本性保存一颗善良的爱心，随时都像鱼游水中鸟飞空中那样自在。

【原文】

鹰立如睡，虎行似病，正是它取人噬人手段处。故君子要聪明不露，才华不逞，才有肩鸿任钜的力量。

【译文】

老鹰站在那儿装睡，老虎走路装病，这是它们准备捉人吃人的手段。一个真具有才德的君子，要做到不炫耀聪明，不显露才华，如此才能培养出肩负重大使命的毅力。

【原文】

峨冠大带之士，一旦睹轻蓑小笠飘飘然逸也，未必不动其咨嗟；长筵广席之豪，一旦遇疏帘净几悠悠焉静也，未必不增其绻恋。人奈何驱以火牛诱以风马，而不思自适其性哉？

【译文】

一个身穿蟒袍玉带的达官贵人，偶尔看到身穿蓑衣斗笠的平民，心中不由得会产生一种轻快之感，这时他难免会发出"无官一身轻"的感叹；一个终日周旋于交际应酬奢侈饮宴的富豪，一旦碰到逍遥自在过着朴实生活的人，心中不由会产生一种恬淡自适的感觉，这时他也难免要有一种留恋不忍离去的情怀。高官厚禄与富贵荣华既然并不珍贵，世人为什么还要枉费心机放纵欲望追逐富贵呢？为什么不设法去过那种悠然自适而能早日恢复本来天性的生活呢？

【原文】

仁人心地宽舒，便福厚而庆长，事事成个宽舒气象；鄙夫念头迫促，便禄薄而泽短，事事得个迫促规模。

【译文】

心地仁慈博爱的人,由于胸怀辽阔舒畅,所以才能享受长久的福分,这是事事都采取宽宏的态度的缘故;反之心胸狭窄的人,由于眼光短小,以致所得到的利禄是短暂的,这是凡事都只顾眼前的缘故。

【原文】

鱼得水逝而相忘乎水,鸟乘风飞而不知有风,识此可以超物累可以乐天机。

【译文】

鱼有水才能优哉游哉地游,但是它们并明白自己置身于水中;鸟借风力才能自由自在翱翔,但是它们却不知道自己置身风中。人如果能看清此中道理,就可以超然置身于物欲的诱惑之外,而且也只有这样才能获得上天赋予的人生乐趣。

【原文】

性躁粗心者一事无成;心和气平者百福自集。

【译文】

性情急躁粗心大意的人,做什么事都不容易成功;性情温和心绪平静的人,由于做事考虑周到而容易成功,所以各种福分也就自然到来。

【原文】

狐眠败砌,兔走荒台,尽是当年歌舞之地;露冷黄花,烟迷衰草,悉属旧时争战之场。盛衰何常?强弱安在?念此令人心灰!

【译文】

狐狸作窝的破屋残壁,野兔奔跑的废亭荒台,都是当年美人歌舞的胜地;遍地菊黄在寒风中抖擞,一片枯草在烟雾中摇曳,都是以前英雄争霸的战场。兴衰成败是如此无常,而富贵弱强又在何方呢?每当想到这些名利地位、是非得失,就会使人产生无限感伤而心灰意懒。

【原文】

天贤一人以诲众人之愚,而世反逞所长以形人之短;天富一人以济众人之困,而世反挟所有以凌人之贫。真天之戮民哉!

【译文】

上天让一个人聪明圣智,目的就是派他教导智力较差的人,可是现在世间一些稍具才智的人,反而在那里卖弄自己的才华,来暴露那些天资比较差的人;上天让一个人拥有财富,目的是派他救济贫苦的人,可是世间拥有财富的人,却仗恃自己的财富来欺凌剥削穷人。这种仗恃聪明欺凌愚笨的人,仗恃财富剥削穷困的人,真是违背天意罪大恶极之人。

【原文】

宠辱不惊,闲看庭前花开花落;去留无意,漫随天外云卷云舒。

【译文】

对于一切光荣和屈辱都无动于衷,永远用宁静的心情欣赏庭院中的花开花落;对于官职的升迁和得失都漠不关心,冷眼观看天上浮云的随风聚散。

【原文】

责人者,原无过于有过之中,则情平;责己者,求有过于无过之内,则德进。

【译文】

对待别人要宽厚,当别人犯错时,像他没犯过错一样原谅他,这样才能使他心平气和地走向正路；要求自己要严格，应在自己无过时，设法找出自己的过错，如此才能使自己的品德进步。

【原文】

晴空朗月，何处不可翱翔，而飞蛾独投夜烛；清泉绿果，何物不可饮啄，而鸱枭偏嗜腐鼠。噫！世之不为飞蛾鸱枭者，几何人哉？

【译文】

晴空万里，皓月当空，哪里不可以自由自在飞翔呢？可是飞蛾偏偏要扑向灯火自取灭亡；清澈泉水，翠绿瓜果，什么东西不可以饮食果腹呢？可是鸱枭却偏偏喜欢吃腐烂恶臭不堪的死鼠。唉！人间不做飞蛾鸱枭傻事的人，在你身边数一数究竟能有几人呢？

【原文】

子弟者大人之胚胎，秀才者士大夫之胚胎。此时若火力不到，陶铸不纯，他日涉世立朝，终难成个令器。

【译文】

小孩就是大人的前身，学生就是官吏的前身，假如在这个阶段磨练不够，也就是教养学业的成绩不好，那将来踏入社会做事时，就很难成为一个有用的人才。

【原文】

才就筏便思舍筏，方是无事道人；若骑驴又复觅驴，终为不了禅师。

【译文】

　　刚一踏上竹筏,就能想到过河后竹筏就没用了,这才是懂得事理不为外物所牵累的道人;假如骑着驴还在找另一头驴,那就变成典型的既不能悟道也不能解脱的和尚了。

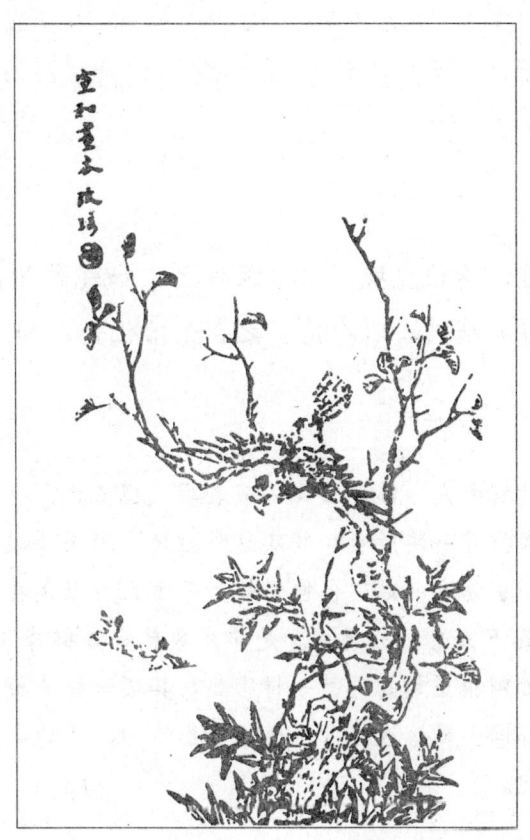

【原文】

钓水逸事也，尚持生杀之柄；弈棋清戏也，且动战争之心。可见喜事不如省事之为适，多能不若无能之全真。

【译文】

静坐水边垂钓本来是高雅的活动，然而在这高雅活动中却手握鱼的生杀大权；对坐桌前下棋本来是一种正当的娱乐，但是在这种正当娱乐中却存在争强好胜的战争心理。可见多事不如无事那样悠闲自在，多才不如无才那样能保全纯真本性。

【原文】

权贵龙骧，英雄虎战，以冷眼视之，如蝇聚膻，如蚁竞血；是非蜂起，得失猬兴，以冷情当之，如冶化金，如汤消雪。

【译文】

有权势的达官贵人，像龙腾飞一般表现气概威武；有力量的英雄好汉，象虎奔一般打斗一决胜负；其实这种种情形如果冷眼旁观，就如同苍蝇被膻腥味道引诱在一起，也像蚂蚁为争食血腥聚集在一起，同样都是看了令人感到万分恶心的场面。是非成败就宛如群蜂飞舞一般纷乱，穷通得失就宛如刺猬竖起的毛针一样密集，其实这种情景如果用冷静头脑来观察，就如同金属熔液注入了模型自然冷却，又如同雪花碰到热汤自然立刻会融化。

【原文】

诗思在灞陵桥上，微吟就，林岫便已浩然；野兴在镜湖曲边，独往时，山川自相映发。

【译文】

诗的灵感在寂寞的原野上出现,当文思奔放诗性大发时,连周围广大的山林也感染上诗意;大自然的情趣充塞山水之间,当独自漫步在湖边时,清澈的水面倒映着层层山峰,那种景色令人陶醉。

【原文】

莺花茂而山浓谷艳,总是乾坤之幻境;水木落而石瘦崖枯,才见天地之真吾。

【译文】

春天一到百花盛开百鸟齐鸣,为山谷凭添了无限迷人景色,然而这种鸟语花香的艳丽风光,只不过是大自然的一种幻象;秋天一到泉水干涸树叶飘落,涧中的石头呈现干枯状态,然而正是山川的一片荒凉,才正好能看出大自然的本来面貌。

【原文】

树木至归根,而后知华萼枝叶之徒荣;人事至盖棺,而后知子女玉帛之无益。

【译文】

树木每到了冬天就落叶归根化为腐土,这时人才明白茂盛的枝叶鲜艳的花朵只不过是一时的荣华;人一直到死后进入棺材,才知道子女钱财毫无用处。

【原文】

岁月本长,而忙者自促;天地本宽,而卑者自隘;风花雪月本闲，而劳攘者自冗。

【译文】

　　自然界的岁月本来是很悠长的，可是那些奔波劳碌的人却自己觉得时间很短促；自然界的天地本来很辽阔，可是那些心胸狭窄的人却把自己局限在小圈子里；春花秋月本来是供人欣赏调剂身心的，可是那些熙熙攘攘的人却认为这是一种多余无益的事。

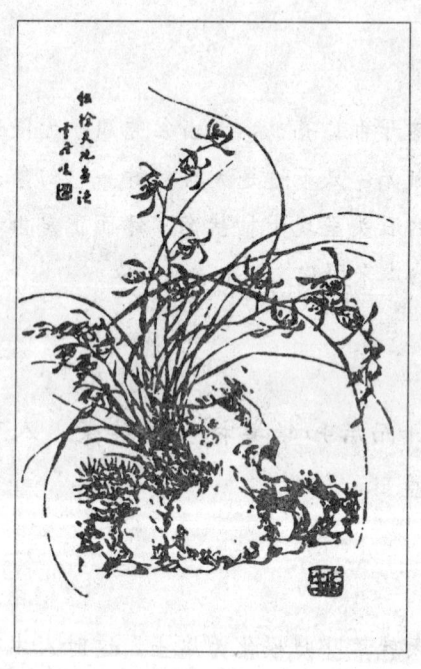

【原文】

烈士让千乘，贪夫争一文，人品星渊也，而好名不殊好利；天子营家国，乞人号饕餮，分位霄壤也，而焦思何异焦声？

【译文】

一个重视道义的人，能把千辆兵车的大国拱手让人；一个贪得无厌的人，一分钱也要争个你死我活。就人的品德来说真是有天渊之别，但是一个重视道义的人喜欢沽名钓誉，和一个贪得无厌的人喜爱金钱，两者在本质上并没有什么不同。当皇帝统治的是国家，当乞丐为的是讨一日三餐，就地位而言确实有天渊之别，但是当皇帝的苦心焦思，和当乞丐的沿门乞讨，其痛苦情形又有什么不同呢？

【原文】

得趣不在多，盆池拳石间烟霞俱足；会景不在远，蓬窗竹屋下风月自赊。

【译文】

具有真正生活乐趣的休闲活动不在多，只要有一个小小池塘和几块奇岩怪石，山川景色就已经齐全；领悟大自然的景色不必求远，只要在竹屋茅窗下静坐让清风拂面明月照人，心胸自然觉得旷远辽阔。

【原文】

饱谙世味，一任覆雨翻云，总慵开眼；会尽人情，随教呼牛唤马，只是点头。

【译文】

一个饱经风霜尝尽人间酸甜苦辣的人，不管人情冷暖或世态炎凉如何反复变化，都懒得再睁开眼睛去过问其中的是非；一个看透了人情世故的人，对于世间的一般毁谤赞誉都无动于衷，即便人们对他呼牛唤马一般地吆喝，他都会若无其事地点点头而已。

【原文】

听静夜之钟声，唤醒梦中之梦；观澄潭之月影，窥见身外之身。

【译文】

当夜阑人静听到远远传来嘹亮的钟声时，可以惊醒人们虚妄中的梦幻；当从清澈的潭水中观察明亮的月夜倒影时，可以发现我们肉身以外的灵性。

【原文】

今人专求无念而终不可无，只是前念不滞后念不迎，但将现在的随缘打发得去，自然渐渐入无。

【译文】

如今的人一心想要做到心中没有杂念，可是却又始终做不到。其实只要使以前的旧念头不存心中，对于未来的事情也不必忧虑它，只要把握现实把目前的事做好，自然就会使杂念慢慢消除。

【原文】

鸟语虫声，总是传心之诀；花英草色，无非见道之文。学者要天机清澈，胸次玲珑，触物皆有会心处。

【译文】

鸟的语言和虫的鸣声我们虽然听不懂，但却都是表达他们感情的方法；花的艳丽和草的青翠我们固然都能看得到，但是其中还蕴藏着大自然的奥妙文章。所以我们读书研究学问的人，必须使灵智清明透澈，必然使胸怀光明磊落，如此跟事物接触时，才能收到豁然领悟之效。

【原文】

意所偶会便成佳境，物出天然才见真机，若加一分调停布置，趣意便减矣。白氏云："意随无事适，风逐自然清。"有味哉！其言之也。

【译文】

事情偶然合乎己意就是最佳境界，东西出于天然才能看出造物者的天工；假如加上一分人工的修饰，就大大减低了天然趣味，所以白居易的诗说："意念听任无为才能使身心舒畅，风要起于自然才能感到凉爽。"这两句诗真是值得玩味的至理名言。

【原文】

人解读有字书，不解读无字书；知弹有弦琴，不知弹无弦琴。以迹用，不以神用，何以得琴书之趣？

【译文】

人们只懂得解释和阅读有形文字的书，却不懂得阐明和研究大自然中的无形书；人们只知道弹奏普通有弦琴，却不知道欣赏大自然无弦的美妙琴音。也就是只知道运用有形迹的事物，而不懂领悟无形的神韵，这种庸俗的人又如何能理解音乐和学问的真趣呢？

【原文】

性天澄澈，即饥餐渴饮，无非康济身心；心地沉迷，纵谈禅演偈，总是播弄精魂。

【译文】

　　凡是一个本性纯真的人，饿了就吃渴了就喝，全都为增进身心健康；凡是一个心地沉迷物欲的人，即使整天讨论佛理，研究禅学，也不过是卖弄才学而毫无益处。

【原文】

心无物欲，即是秋空霁海；坐有琴书，便成石室丹丘。

【译文】

一个人内心如果不被物欲蒙蔽，他的情绪就会像秋天的碧空和平静的大海那样开朗；一个人平时闲居无事如果有琴书陪伴消遣，就会使你的生活像神仙一般消遥自在。

【原文】

金自矿出，玉从石生，非幻无以求真；道得酒中，仙遇花里，虽雅不能离俗。

【译文】

黄金是从矿山中挖出来的，美玉是从石头中产生的，可见不经过虚幻变化就不能得到真悟；道理是从杯酒中悟出来的，神仙也许能在声色场中邂逅，可见即使是高雅之士也摆脱不了世俗情欲。

【原文】

天地中万物，人伦中万事，世界中万物，以俗眼观纷纷各异，以道眼观种种是常，何须分别何须取舍？

【译文】

天地间的万物，人与人之间错综复杂的感情，以及世界上每天所发生的种种事体，如果用世俗的眼光去观察是变幻不定令人头昏目眩的；如果用超越世俗的眼光去观察，在本质上却是永恒不变的。可见不论对人对物或对事，只要能以大公无私的平等态度去对待，又何必要有分别跟取舍呢？

【原文】

宾朋云集，剧饮淋漓，乐矣，俄而漏尽烛残香销茗冷，不觉反成呕咽，令人索然无味。天下事率类此，人奈何不早回头也。

【译文】

高朋满座聚集在一起，大家痛饮狂欢，真是畅快之至，然而转眼之间就夜静更深，炉中的檀香也已经烧完，醇美的香茶也已经冰冷，觉得方才的狂欢豪饮反而有些要吐的感觉，再回想起那些美酒佳肴更觉得索然无味。人间的万般事物大多如此，只要太过分就会产生反效果，人们为什么不猛回头适可而止呢？

【原文】

万籁寂寥中，忽闻一鸟弄声，便唤起许多幽趣；万卉摧剥后，忽见一枝擢秀，便触动无限生机。可见天性未常枯槁，机神最宜触发。

【译文】

当大自然的一切声音都归于寂静时，忽然听到一阵悦耳的鸟叫声，就会带给你很多深远的雅趣；当深秋季节所有花草都凋谢枯黄之后，忽然看见其中有一棵挺拔的花草屹立无恙，就会引发你无限生机。可见万物的本性并不会完全枯萎，因为它那生命活力随时都会乘机发动。

【原文】

会得个中趣，五湖之烟月尽入寸里；破得眼前机，千古之英雄尽归掌握。

【译文】

人间不论什么事物，只要能领悟其中的乐趣，那么三江五湖的山川景物，就等于都纳入我的心中；人间不论什么道理，只要能看穿眼前的机运，那么所有古往今来的英雄豪杰，都会成为我的好友而任由我效仿。

【原文】

白氏云："不如放身心，冥然任天造。"晁氏云："不如收身心，凝然归寂定。"放者流为猖狂，收者入于枯寂。唯善操心者，把柄在手，收放自如。

【译文】

白居易的诗说："凡事不如都放心大胆去做，至于成功失败一切听凭天意。"晁补之的诗却说："凡事不如小心谨慎去做，以期能达到坚定不移的境界。"主张放任身心的白居易，容易使人流为狂放自大，主张约束身心的晁补之，容易使人流于枯槁死寂。只有善于操纵自己身心的人，才能掌握一切事物的重点，对一切事物才能做到收放自如。

【原文】

文以拙进，道以拙成，一拙字有无限意味。如桃源犬吠，桑间鸡鸣，何等淳庞。至于寒潭之月，古木之鸦，工巧中便觉有衰飒气象矣。

【译文】

不管是作学问还是写文章都要用最笨的方法才有进步，修养品德更必须本着朴实的态度才有成就，可见"朴拙"二字含有无穷奥义。恰如陶渊明《桃花源记》中所说的，"阡陌相通，鸡犬相闻"，这该是一种多么淳朴的风气。至于深寒潭水中所映出的月影，以及枯槁老树上所落的乌鸦，表面看来真是诗情画意，然而实际上却显示出虚幻的景象。

【原文】

当雪夜月天，心境便尔澄澈；遇春风和气，意界亦自冲融：造化人心混合无间。

【译文】

在雪花飘落的夜晚，皓月当空，天地间一片银色世界，这时人的心情也会随着清朗和明澈；在和风徐徐吹拂的春季，万物都呈现一片蓬勃生机，这时人的情绪自然也会得到适当的调剂：可见大自然和人的心灵是浑然一体的。

【原文】

以我转物者，得固不喜，失亦不忧，大地尽属逍遥；以物役我者，逆同生憎，顺亦生爱，一毛便生缠缚。

【译文】

能以我为中心来操纵一切事物的人，成功了固然不觉得高兴，失败了也不至于忧愁，因为广阔无边的大地到处都可悠游自在；以物为中心而受物欲所奴役的人，遭遇逆境时心中固然产生怨恨，处于顺境时却又产生恋栈之心，如此鸡毛蒜皮的小事也会使身心受到困扰。

【原文】

寒灯无焰，敝裘无温，总是播弄光景；身如槁木，心似死灰，不免堕在顽空。

【译文】

一盏微弱的孤灯失去了光焰,一件破旧的大衣丧失了温暖,人生到这步田地也未免太煞风景;人类的肉身像是干枯的树木,而心灵也犹如火种熄灭的死灰,这种人等于是一具僵尸,必然会陷入冥顽空虚中。

【原文】

理寂则事寂,遗事执理者,似去影留形;心空则境空,去境存心者,如聚膻却蚋。

【译文】

真理跟事物是血肉相连的,真理静止事物也随着静止,排除事物而执拗于道理的人,就像排除影子而留下形体那样不通;心智和环境也是血肉相连的,内心空虚环境也跟着空虚,排除环境的干扰而想保留内心宁静的人,就像聚集一大堆膻味东西却想赶走蚁蝇一样愚蠢。

【原文】

幽人清事总在自适,故酒以不劝为欢,棋以不争为胜,笛以无腔为适,琴以无弦为高,会以不期约为真率,客以不迎送为坦夷。若一牵文泥迹,便落尘世苦海矣!

【译文】

一个隐居的人,内心清净而俗事又少,一切只求适应自己本性。因此喝酒时谁也不劝谁多喝,以能各尽酒量为乐;下棋只是为了消遣,以不争胜败为胜;吹笛只是为了陶冶性情,以不讲旋律为节奏;弹琴只是为了消遣休闲,以无弦之琴为最高雅;和朋友约会只是为了联谊,以不受时间限制为真挚;客人来访要宾主尽欢,以不送往迎来为最自然。反之假如有丝毫受到世俗人情礼节的约束,就会落入烦嚣尘世苦海而毫无乐趣。

【原文】

从冷视热,然后知热处之奔驰无益;从冗入闲,然后觉闲中之滋味最长。

【译文】

当一个人从名利场中退出来以后,再冷眼旁观那些热衷于名利的人,才发现在名利场中的奔波劳碌生活毫无意义;当一个人在忙碌不堪的工作环境中抽身回到闲适的生活环境中,才会发现在安逸悠闲生活中的滋味最悠长。

【原文】

试思未生之前有何象貌,又思既死之后作何景色?则万念灰冷一性寂然,自可超物外游象先。

【译文】

请你想想看:你在没出生之前又有什么形体相貌呢?你再想一想,你死了以后又是一番什么景象呢?人既然无法测知生前的往事,又无法预卜死后的未来,而生命又是那么短促,一想到这些不免万念俱灰。不过生命虽然短促,精神却是永恒的,只要能保持纯真本性,自然能超脱物外遨游天地之间。

【原文】

有浮云富贵之风,而不必岩栖穴处;无膏肓泉石之癖,而常自醉酒耽诗。

【译文】

一个能把荣华富贵看成是浮云、敝履的人,根本就不必住到深山幽谷去修养心性;一个对山水风景没有癖好的人,如果能经常喝酒吟诗也自有一番乐趣。

【原文】

优人傅粉调朱,效妍丑于毫端,俄而歌残场罢,妍丑何存;弈者争先竞后,较雌雄于着子,俄而局尽子收,雌雄安在?

【译文】

演艺人员在脸上擦胭脂涂口红,把一切美丑都决定在化妆笔的笔尖上,可是转眼之间歌舞完毕曲终人散,方才的美丑又都到哪里去了呢?下棋的人在棋盘上竞争激烈,把一切胜负都决定在棋子上,但是转眼间棋局完了子收人散,方才的胜败又都到哪里去了呢?

【原文】

竞逐听人,而不嫌尽醉;恬淡适己,而不夸独醒。此释氏所谓"不为法缠,不为空缠,身心两自在"者。

【译文】

别人争名夺利于我无关,我也不必因为别人的醉心名利就疏远他;恬静淡泊是为了适应自己的个性,因此也不必向别人夸耀"世人皆醉我独醒"。这就是佛家所说"既不被物欲所蒙蔽,也不被空虚寂寞所困扰,能做到这些就能使心悠然自得"。

【原文】

田父野叟,语以黄鸡白酒则欣然喜,问以鼎食则不知;语以缦袍短褐则油然乐,问以衮服则不识。其天全,故其欲淡,此是人生第一个境界。

【译文】

在乡下跟老农夫谈论饮食,每当谈到白斩鸡和老米酒时,他就会显得兴高采烈,如果问他山珍海味等佳肴,他就茫然不知了;其次当谈起衣着时,一提起长袍短襟,他就会不由得流露出欢乐表情,假如问他黄袍紫蟒等官服他就一点也不懂了。可见老农夫保全了纯朴本性,所以他的欲望才这样淡泊,这才是人生的第一等境界。

【原文】

延促由于一念,宽窄系之寸心。故机闲者一日遥于千古,意广者斗室宽若两间。

【译文】

　　时间的长短多半是出于心理感受，空间的宽窄多半是基于心中的观念。所以只要能把握时机懂得忙里偷闲，即使是一天时间也比千年还要长；只要意境高超心胸旷达，即使是一间小小的房子也犹如天地那么大。

【原文】

笙歌正浓处，便自拂衣长往，羡达人撒手悬崖；更漏已残时，犹然夜行不休，笑俗士沉身苦海。

【译文】

当歌舞盛宴逢到最高潮时，就自行整理衣衫毫不留恋地离开，那些胸怀广阔的人就能在这种紧要处猛回头，真是令人羡慕；夜深人静仍然忙着应酬的人，那些目光如豆者已经坠入无边痛苦中而不自觉，说来真是可笑。

【原文】

损之又损，栽花种竹，尽交还乌有先生；忘无可忘，焚香煮茗，总不问白衣童子。

【译文】

对于生活中的物质欲望要减少到最低限度，每天种些花竹培养生活情趣，把一切世间的烦恼都忘到九霄云外；当你脑海中已经了无烦恼而呈真空状态以后，每天就面对着佛坛烧香，手提水壶亲自烹茶，自然就会使自己进入忘我的神仙境界。

【原文】

把握未定，宜绝迹尘嚣，使此心不见可欲而不乱，以澄悟吾静体；操持既坚，又当混迹风尘，使此心见可欲而亦不乱，以养吾圆机。

【译文】

当意志还不坚定没把握控制时，就应远离物欲环境的诱惑，以便让自己因看不见物欲的诱惑而使内心不迷乱，只有这样才能领悟到清明纯静的本色；等到意志坚定可以自我控制时，就要让自己多跟各种环境接触，即使看到物质的诱惑也不会使内心迷乱，藉以培养自己圆熟质朴的灵性。

【原文】

都来眼前事，知足者仙境，不知足者凡境；总出世上因。善用者生机，不善用者杀机。

【译文】

凡是对现实生活感到满足的人，就会享受神仙一般的快乐，不满足的人就摆脱不了庸俗的困境；总括人间万般事物的原因，假如能善于运用就处处充满生机。假如不善运用就处处充满危机。

【原文】

山居胸次清洒，触物皆有佳思：见孤云野鹤而起超绝之想，遇石涧流泉而动澡雪之思；抚老桧寒梅而劲节挺立，侣沙鸥麋鹿而机心顿忘。若一走入尘寰，无论物不相关，即此身亦属赘旒矣！

【译文】

隐居在山间胸怀开朗洒脱，所接触的事物自然都能引起高雅的思绪：看见无拘无束的孤云野鹤，就会引起超凡绝俗的观念；遇到山谷溪涧的流泉，就会引起洗濯一切俗世杂念的思想；抚摸耸立在风霜中的老树和腊梅，心中就会不由得涌起效法它们威武不屈的坚毅气节；终年与温和的沙鸥和麋鹿在一起，才使一切勾心斗角的邪念全消。假如再度走回烦嚣的都市，即使不跟各种声色环境接触，也会觉得自己就像旗帜的飘带犹如废物而毫无用处。

【原文】

喜寂厌喧者往往避人以求静，不知意在无人便成我相，心著于静便是动根，如何到得人我一视动静两忘的境界？

【译文】

一个喜欢清静讨厌喧嚣的人，往往离群索居来求取安宁；岂不知远离人群只是为了自我，而一心求静的结果是一旦遇到喧嚣就会烦躁的祸源。人我本是一体的，而动静也是相互关联的，假如不能忘怀自我，只知一味过分强调宁静，又如何能达到真正安宁境界呢？

围炉夜话

[清] 王永彬 著

【原文】

教子弟于幼时，便当有正大光明气象；检身心于平日，不可无忧勤惕厉功夫。

【译文】

教导晚辈要从幼年时开始，便培养他们凡事应有正直、宽大、无所隐藏的气概；在日常生活中要时时反省自己的行为、思想，不能没有自我督促和自我砥砺的修养。

【原文】

与朋友交游，须将他好处留心学来，方能受益；对圣贤言语，必要我平时照样行去，才算读书。

【译文】

和朋友交往共游，必须仔细观察他的优点和长处，用心地学习，才能领受到朋友的益处。对于古圣先贤所留下的话，一定要在平常生活中依循做到，才算是真正体味到了书中的言语。

【原文】

贫无可奈惟求俭，拙亦何妨只要勤。

【译文】

贫穷得毫无办法的时候，只要力求节俭，总还是可以过的。天性愚笨也没有什么关系，只要自己比别人更勤奋学习，还是可以跟得上别人的。

【原文】

稳当话，却是平常话，所以听稳当话者不多；本分人，即是快活人，无奈做本分人者甚少。

【译文】

既安稳又妥当的言语，经常是既不吸引人也不令人惊奇的，所以喜欢听这种话的人并不多。一个人能守本分，不希求过分的事，便是最愉快的人了。只可惜能够安分守己不妄求的人，也是很少的。

【原文】

处事要代人作想，读书须切己用功。

【译文】

处理事情的时候，要多替别人着想，看看是否会因自己的方便而使人不方便。读书却必须自己切实地用功，因为学问是自己的，别人并不能代读。

【原文】

一信字是立身之本，所以人不可无也；一恕字是接物之要，所以终身可行也。

【译文】

一个"信"字是吾人立身处世的根本，一个人如果失去了信用，任何人都不会接受他，所以只要是人，都不可没有信用。一个"恕"字，是与他人交往时最重要的品德，因为恕即是推己及人的意思，人能推己及人，便不会做出对不起他人的事，于己于人皆有益，所以值得终生奉行。

【原文】

人皆欲会说话，苏秦乃因会说而杀身；人皆欲多积财，石崇乃因多积财而丧命。

【译文】

人人都希望自己有极佳的口才，但是战国时的苏秦就是因为口才太好，才会被齐大夫派人暗杀。人人都希望自己能积存很多财富，然而晋代的石崇就是因为财富太多，遭人嫉妒，才惹来杀身之祸。

【原文】

教小儿宜严，严气足以平躁气；待小人宜敬，敬心可以化邪心。

【译文】

最好以严格的态度教导小孩子，因为小孩心思顽皮毛躁，不能定下心来，严格的态度可以压抑他们浮动的心，使他们安静地学习。对心思不正的小人，最好以尊重而谨慎的心待他，因为小人心思邪曲，如果尊重他的人格，也许他会想保有我们对他的尊重，而放弃邪僻的想法。如果不行，以谨慎的态度和他相处，至少不会蒙受其害，所以说敬慎的心可以化解邪僻的心。

【原文】

善谋生者，但令长幼内外，勤修恒业，而不必富其家；善处事者，但就是非可否，审定章程，而不必利于己。

【译文】

　　长于维持生计的人，并不是有什么新奇的花招，只是使家中年纪无论大小，事情无分内外，每个人都能就其本分，有恒地将分内的事完成。这样做虽不一定能使家道大富，却能在稳定中成长；长于办理事务的人，不一定有奇特的才能，只是就事情如何才能完成，在可行与不可行处加以判断，订立一个办理的规则和程序，而且，并不一定要对自己有利益才去做。

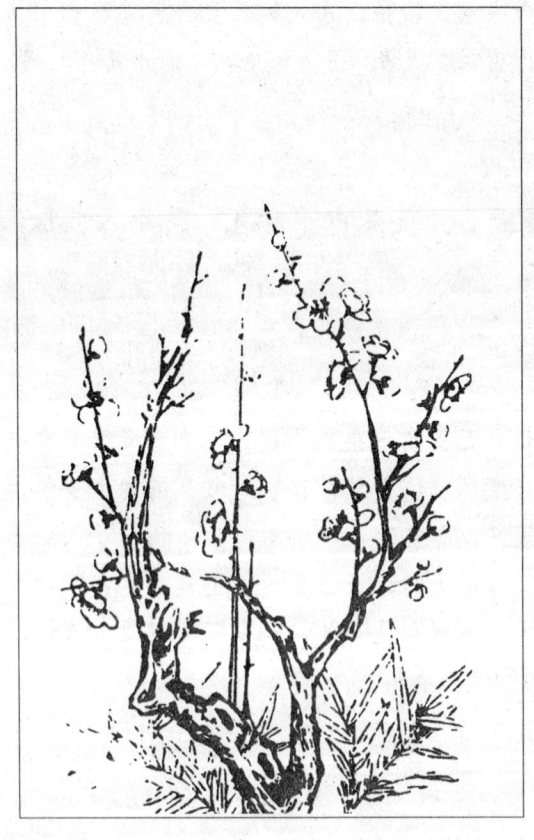

【原文】

名利之不宜得者竟得之，福终为祸；困穷之最难耐者能耐之，苦定回甘。生资之高在忠信，非关机巧；学业之美在德行，不仅文章。

【译文】

得到不该得的名声和利益，当初以为是幸运，终究会成为灾害；最难以忍耐的贫穷和困厄，若能咬紧牙关忍耐度过，最后一定会苦尽甘来。人的资质高低，在于对任何事是否尽心有信用，并不在于善用机变与心思巧妙；读书读得好的人，也不仅在于文章美妙，而主要在于他的道德高尚，品行美好。

【原文】

风俗日趋于奢淫，靡所底止，安得有敦古朴之君子，力挽江河；人心日丧其廉耻，渐至消亡，安得有讲名节之大人，光争日用。

【译文】

社会的风气日渐奢侈浮华，这种现象愈来愈变本加厉，一直没有改善的迹象，真希望能出现一个不同于流俗而又质朴的才德之士，大力呼吁，改善现有的奢靡风气，使社会恢复原有的善良质朴；世人已逐渐失去清廉知耻的心，再这样下去，总有一天会完全不知廉耻，如何才能出现一位重视名誉和气节的有德之士，唤醒世人的廉耻心，作为世人的榜样呢？

【原文】

人心统耳目官骸，而于百体为君，必随处见神明之宰；人面合眉眼鼻口，以成一字曰苦（两眉为草眼横鼻直而下承口乃苦字也），知终身无安逸之时。

【译文】

心统治着人的五官及全身，可以说是身体的主宰，一定要随时保有清楚明白的心思，才能使见闻言行不致出错。人的脸是合眉、眼、鼻、口而成形，若将两眉当作是部首的草头，把两眼看成一横，鼻子为一竖，下面承接着口，恰巧是一个"苦"字。由此可知，人的一生是苦多于乐，没有安闲逸乐的时候。

【原文】

伍子胥报父兄之仇，而郢都灭，申包胥救君上之难，而楚国存，可知人心足恃也；秦始皇灭东周之岁，而刘季生，梁武帝灭南齐之年，而侯景降，可知天道好还也。

【译文】

春秋时的伍子胥，为了报父兄之仇，誓言灭楚，终于破了楚的首都郢，鞭仇人之尸；而当时的申包胥则发誓保全楚国，终于获得秦军救援，使楚国不致灭亡。由此可见，人只要决心去做，一定能办得到。秦始皇灭东周那一年，灭秦立汉的刘邦也出生了；梁武帝灭南齐的那一年，归降梁武帝的侯景，后来也反叛梁朝。可见天理循环，报应不爽。

【原文】

有才必韬藏，如浑金璞玉，暗然而日章也；为学无间断，如流水行云，日进而不已也。

【译文】

有才能的人必定勤于修养，不露锋芒，就如未经提炼、琢磨的金玉一般，虽不炫人耳目，但日久便知其内涵价值了。做学问一定不可间断，要像不息的流水和飘浮的行云，永远不停地前进。

【原文】

积善之家，必有余庆；积不善之家，必有余殃。可知积善以遗子孙，其谋甚远也。贤而多财，则损其志；愚而多财，则益其过。可知积财以遗子孙，其害无穷也。

【译文】

凡是做很多好事的人家，必然遗留给子孙许多的德泽；而多行不善的人家，遗留给子孙的只是祸害。由此可知多做好事，为子孙留些后福，这才是为子孙着想最长远的打算。贤能却有许多金钱，这些钱容易使他不求上进而耽于享乐；愚笨却有许多金钱，这些金钱只有让他增加更多的过失罢了。由此可知将金钱留给子孙，不论子孙贤或不贤，都是有害而无益的。

【原文】

每见待子弟严厉者，易至成德；姑息者，多有败行。则父兄之教育所系也。又见有子弟聪颖者，忽入下流；庸愚者，转为上达，则父兄之培植所关也。人品之不高，总为一利字看不破；学业之不进，总为一懒字丢不开。德足以感人，而以有德当大权，其感尤速；财足以累己，而以有财处乱世，其累尤深。

【译文】

常见对待子孙十分严格的，子孙比较容易成为有才德的人；对子孙太过宽容的，子孙的德行大多败坏，这完全是因为父兄教育的关系。又见到有些后辈原本十分聪明，却突然做出品性低下的事；有些原本平庸愚鲁，倒成为品德很好的人，这就在于父兄的栽培教养了。一个人品格之所以不清高，总是因为无法将一个"利"字看破；而学问之所以不长进，就是因为偷懒不精勤的缘故。能以道德感化他人的人，若身在高位而有威权，那么，要感化众人趋于正道就很快了。财富多到足以拖累自己的人，若处于不太平的时代，钱财的拖累就更严重了。

【原文】

读书无论资性高低,但能勤学好问,凡事思一个所以然,自有义理贯通之日;立身不嫌家世贫贱,但能忠厚老成,所行无一毫苟且处,便为乡党仰望之人。

【译文】

读书不论天赋的资质高或是低,只要能够用功,不断地学习,遇有疑难之处肯向人请教,任何事都把它想个透彻为什么会如此,终有一天能够通晓书中的道理,无所滞碍。在社会上立身处世,不怕自己出身贫穷低微的家庭,只要为人忠实敦厚,做事稳重踏实,所行所为没有一丝随便或违背道义之处,便足以为家乡的父老所看重,而成为众人的榜样。

【原文】

孔子何以恶乡愿,只为他似忠似廉,无非假面孔;孔子何以弃鄙夫,只因他患得患失,尽是俗心肠。

【译文】

孔夫子为什么厌恶"乡愿"呢?因为他只是表面上看来忠厚廉洁,其实内心并不如此,可见得这种人虚伪矫饰,以假面孔示人。孔夫子为什么厌弃"鄙夫"呢?因为他凡事不知由大体着想,只知为自己个人的利益斤斤计较,得失心太重,是个不知人生精神内涵的俗物。

【原文】

打算精明,自谓得计,然败祖父之家声者,必此人也;朴实浑厚,初无甚奇,然培子孙之元气者,必此人也。

【译文】

凡事都斤斤计较、毫不吃亏的人，自以为很成功，但是败坏祖宗的良好名声的，必定是这种人。诚实俭朴而又敦厚待人的人，刚开始虽然不见他有什么奇特的表现，然而使子孙能够有一种纯厚之气、历久不衰的，就是这个人。

【原文】

心能辨事非，处事方能决断；人不忘廉耻，立身自不卑污。

【译文】

心中能辨别什么是对的，什么是错的，在处理事情的时候，就能毫不犹豫地决定该怎么办；人能不忘记廉耻心，在社会上为人处世，自然就不会做出任何卑鄙污秽的事。

【原文】

忠有愚忠，孝有愚孝，可知忠孝二字，不是伶俐人做得来；仁有假仁，义有假义，可知仁义两途，不无奸恶人藏其内。

【译文】

有一种忠心被人视为愚行，就是"愚忠"；也有一种孝行被人视为愚行，那是"愚孝"。由此可知，"忠""孝"两个字，太过聪明的人是做不来的。同样地，仁和义的行为中，也有虚伪的"假仁"和"假义"，由此也可以知道，在一般人所说的仁义之士中，不见得没有奸险狡诈的人。

【原文】

权势之徒，虽至亲亦作威福，岂知烟云过眼，已立见其消亡；奸邪之辈，即平地亦起风波，岂知神鬼有灵，不肯听其颠倒。

【译文】

有权有势的人，虽然在至亲好友的面前，也要卖弄他的权势作威作福，哪里知道权势是不长久的，就像烟散云消一般很快消亡。奸险邪恶之徒，即使在太平无事的日子里，也会为非作歹一番，哪里晓得天地间终是有鬼神在暗中默佑的，邪恶的行为终归要失败。

【原文】

自家富贵，不着意里，人家富贵，不着眼里，此是何等胸襟；古人忠孝，不离心头，今人忠孝，不离口头，此是何等志量。

【译文】

自身富贵显达了，并不将它放在心上或时时刻意去显示自己高人一等；至于别人富贵了，也不将它放在眼里，不生嫉妒羡慕的心，这要何等的胸怀和气度才能做得到？古代的人，常常将"忠孝"二字放在心上，不敢忘记要去实践它。现在的人，虽不如古人那么敬谨，却也对他人忠孝的行为，能毫不吝惜地加以称道，时常去提倡它。这又要何等地抱负和度量才能实行？

【原文】

王者不令人放生，而无故却不杀生，则物命可惜也；圣人不责人无过，惟多方诱之改过，庶人心可回也。

【译文】

为人君王的，虽然不至于下令叫人多多放生，但是也不会无缘无故地滥杀生灵，因为这样至少可以教人爱惜生物的性命。圣人不会要求人一定不犯错，只是用各种方法，引导众人改正错误的行为，因为如此，才能使众人的心由恶转善，由失道转为正道。

【原文】

大丈夫处事，论是非，不论祸福；士君子立言，贵平正，尤贵精详。

【译文】

有志气的人在处理事情时,只问如何做是对的,并不问这样做为自己带来的究竟是福是祸。读书人在写文章或是著书立说的时候,最重要的是立论要公平公正,若能更进一步去要求精要详尽,那就更可贵了。

【原文】

存科名之心者,未必有琴书之乐;讲性命之学者,不可无经济之才。

【译文】

存着追求功名利禄之心的人,无法享受到琴棋书画的乐趣;讲求生命形而上境界学问的学者,不能没有经世济民的才学。

【原文】

泼妇之啼哭怒骂,伎俩要亦无多,唯静而镇之,则自止矣。谗人之簸弄挑唆,情形虽若甚迫,苟淡而置之,是自消矣。

【译文】

蛮横而不讲理的妇人,任她哭闹、恶口骂人,也不过那些花样,只要定思静心,不去理会,她自觉没趣,自然会终止吵闹。好说人是非、颠倒黑白的人,不断地以言辞来侵害我们,我们似乎已经被他逼得走投无路了,如果不放在心上,对那些毁谤的言语听而不闻,那么他自然会停止无益的言辞。

【原文】

肯救人坑坎中,便是活菩萨;能脱身牢笼外,便是大英雄。

【译文】

　　肯费心费力地去救助陷于苦难中的人,便如同菩萨再世。能不受社会人情的束缚,超然于俗务之外的人,便足以称之为是杰出的人。

【原文】

气性乖张，多是夭亡之子；语言深刻，终为薄福之人。

【译文】

脾气性情怪僻或是执拗的人，多半是短命之人。讲话总是过于尖酸刻薄的人，可以断定他没有什么福分。

【原文】

志不可不高，志不高，则同流合污，无足有为矣；心不可太大，心太大，则舍近图远，难期有成矣。

【译文】

一个人的志气不能不高，如果志气不高，就容易为不良的环境所影响，不可能有什么大作为。一个人的野心不可太大，如果野心太大，那么便会舍弃切近可行的事，而去追逐遥远不可达的目标，很难有什么成就。

【原文】

贫贱非辱，贫贱而谄求于人者为辱；富贵非荣，富贵而利济于世者为荣。讲大经纶，只是实实落落；有真学问，决不怪怪奇奇。

【译文】

贫穷与地位卑下，并不是可耻的事；可耻的是因为贫穷或卑下，便去谄媚奉承别人，想求得一些卑微的施舍。富贵也不是什么十分光荣的事，光荣的是富贵而能够帮助他人，有利于世。讲经世治国的学问，必然明白实在；真正有学问，决不会高谈怪诞不经的言论。

【原文】

古人比父子为桥梓，比兄弟为花萼，比朋友为芝兰，敦伦者，当即物穷理也；今人称诸生曰秀才，称贡生曰明经，称举人曰孝廉，为士者，当顾名思义也。

【译文】

古时候的人，把"父子"比喻为乔木和梓木，把"兄弟"比为花与萼，将"朋友"比为芝兰香草，因此，有心想敦睦人伦的人，由万物的事理便可推见人伦之理。现在的人称读书人为"秀才"，称被举荐入太学的生员为"明经"，又叫举人为"孝廉"，因此读书人可以就这些名称，明白自己应有的内涵。

【原文】

父兄有善行，子弟学之或不肖；父兄有恶行，子弟学之则无不肖；可知父兄教子弟，必正其身以率之，无庸徒事言词也。君子有过行，小人嫉之不能容；君子无过行，小人嫉之亦不能容；可知君子处小人，必平其气以待之，不可稍形激切也。

【译文】

父辈兄长有好的行为，晚辈学来可能学不像，也比不上；但是如果长辈有不好的行为，晚辈倒是一学就会，没有不像的。由此可知，长辈教晚辈，一定要先端正自己的行为来率领他们，这样他们才能学得好，而不是只在言辞上白费工夫，不能以身作则。有道德的人行为若稍有超过或偏失之处，一些无德之人因为嫉妒，一定无法容忍而群起攻击；但是有德之人即使不犯过失，小人也不见得能容他。由此可知，有道德的君子和无道德的小人相处时，一定要平心静气地对待他们，不可过于急切地责骂他们。

【原文】

　　守身不敢妄为，恐贻羞于父母；创业还须深虑，恐贻害于子孙。

【译文】

　　一个人洁身自爱而不敢胡作非为，是怕自己做了不好的行为，会使父母蒙羞。开始创立事业时，更要深思熟虑，仔细选择，以免将来危害到子孙。

【原文】

无论作何等人,总不可有势利气;无论习何等业,总不可有粗浮心。

【译文】

不管做哪一种人,最重要的是不可有嫌贫爱富、以财势来衡量人的习气。不论从事哪一种事业,总是不可有轻率不定的心思。

【原文】

知道自家是何等身分,则不敢虚骄矣;想到他日是那样下场,则可以发愤矣。

【译文】

明白自己有多少内涵,就不敢妄自尊大。想到不发愤图强的后果竟是如此惨淡,就该振作精神,努力奋发。

【原文】

常人突遭祸患,可决其再兴,心动于警励也;大家渐及消亡,难期其复振,势成于因循也。

【译文】

若是一个平常人,突然遭受了灾祸忧患的打击,一定可以再重整旗鼓,因为突来的灾害使他产生警戒心与激励心。但是,如果是一群人或是一个团体逐渐衰败,就很难指望会重新振作起来,因为一些墨守成规的习性已经养成,很难再改变了。

【原文】

天地无穷期,生命则有穷期,去一日,便少一日;富贵有定数,学问则无定数,求一分,便得一分。

【译文】

天地永远存在,无穷无尽,然而人的生命却很有限,只要逝去一天,生命就少一天。人的荣华富贵乃命运注定,然而学问知识则不是如此,只要用功一分,知识便增长一分。

【原文】

处事有何定凭,但求此心过得去;立业无论大小,总要此身做得来。

【译文】

做任何事,是好是坏有时并没有一定的标准和凭据,只求问心无愧。创立事业的时候,无论从事哪一种行业,最重要的是自己要有能力应付。

【原文】

气性不和平,则文章事功,俱无足取;语言多矫饰,则人品心术,尽属可疑。

【译文】

如果一个人不能平心静气地处世待人,那么,就可以断定他在学问和做事上,都不可能有什么值得效法之处。一个人的言语如果虚伪不实,那么,无论他在人品或是心性上表现得多崇高,一样令人怀疑。

【原文】

误用聪明，何若一生守拙；滥交朋友，不如终日读书。

【译文】

把聪明用错了地方，不如一辈子谨守愚拙，至少不会出错。不加选择随便交朋友，倒不如整天闭门读书。

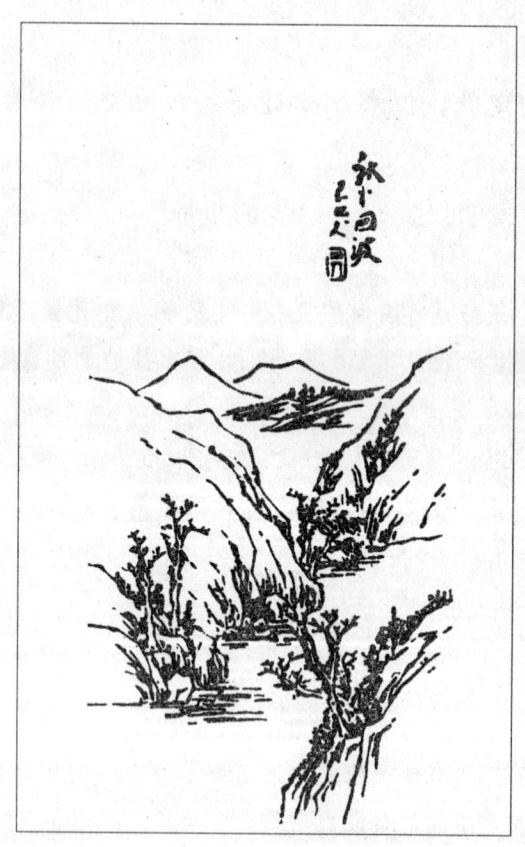

【原文】

看书须放开眼孔,做人要立定脚根。

【译文】

看书必须要放开心胸,才可能判断并接受新的观念。做人要站稳自己的立场和把握住原则,才是一个具有见地、不随波逐流的人。

【原文】

严近乎矜,然严是正气,矜是乖气;故持身贵严,而不可矜。谦似乎谄,然谦是虚心,谄是媚心;故处世贵谦,而不可谄。

【译文】

庄重有时看来像是傲慢,然而庄重是正直之气所使然,傲慢却是一种乖僻的习气;所以律己最好是庄重,而不要傲慢。谦虚有时看来像是谄媚,然而谦虚是待人有礼不自满,谄媚却是因为有所求而讨好对方;所以处世应该谦虚,却不可谄媚。

【原文】

财不患其不得,患财得而不能善用其财;禄不患其不来,患禄来而不能无愧其禄。

【译文】

不要忧虑得不到钱财,只怕得到财富后不能好好地使用。官禄、福分也是如此,不要担忧它不降临,而应该担心能不能无愧于心地得到它。

【原文】

交朋友增体面,不如交朋友益身心;教子弟求显荣,不如教子弟立品行。

【译文】

交朋友如果是为了增加自己的面子,倒不如交一些真正对我们身心有益的朋友。教自己的孩子求得荣华富贵,倒不如教导他们做人应有的品格和行为。

【原文】

君子存心,但凭忠信,而妇孺皆敬之如神,所以君子落得为君子;小人处世,尽设机关,而乡党皆避之若鬼,所以小人枉做了小人。

【译文】

君子做事,但求尽心尽力,忠诚信实,妇人小孩都对他极为尊重,所以,君子之为君子并不枉然。小人在社会上做事,到处设计、玩花样,使得人人都对他退避三舍,心里十分鄙弃他。因此,小人费尽了心机,也得不到他人的敬重,可说是白做了小人。

【原文】

求个良心管我,留些余地处人。

【译文】

希望自己有一颗良善的心,使自己时时不违背它。为别人留一些退路,让别人也有容身之处。

【原文】

　　一言足以召大祸，故古人守口如瓶，惟恐其覆坠也；一行足以玷终身，故古人饬躬若璧，惟恐有瑕疵也。

【译文】

　　一句话就可以招来大祸，所以古人言谈十分谨慎，不敢胡乱讲话，以免招来杀身毁家的大祸。一件错事足以使一生清白的言行受到污辱，所以古人守身如玉，行事非常小心，惟恐做错事会让自己终身抱憾！

【原文】

　　颜子之不较，孟子之自反，是贤人处横逆之方；子贡之无谄，原思之坐弦，是贤人守贫穷之法。

【译文】

　　遇到有人冒犯时，颜渊不与人计较，孟子则自我反省，这是君子在遇人蛮横不讲理时的自处之道。在贫贱时，子贡不去阿谀富者，子思则依然弹琴自娱，完全不把贫困放在心上，这是君子在贫穷中仍能自守的方法。

【原文】

　　观朱霞，悟其明丽；观白云，悟其卷舒；观山岳，悟其灵奇；观河海，悟其浩瀚，则俯仰间皆文章也。对绿竹，得其虚心；对黄华，得其晚节；对松柏，得其本性；对芝兰，得其幽芳，则游览处皆师友也。

【译文】

　　观赏红霞时，领悟到它明亮而又灿烂的生命；观赏白云时，欣赏它卷舒自如的曼妙姿态；观赏山岳时，体认到它灵秀高拔的气概；观看大海时，领悟到它的广大无际。因此，只要用心体会，那么，天地之间无处不是好文章。面对绿竹时，能学习到待人应虚心有礼；面对菊花时，能学习到处乱世应有高风亮节；面对松柏时，能学习到处逆境应有坚韧不拔的精神，而在面对芷兰香草时，能学习到人的品格芬芳幽远。那么在游玩与观赏之中，没有一个地方不值得我们学习，处处皆是良师益友。

【原文】

　　行善济人，人遂得以安全，即在我亦为快意；逞奸谋事，事难必其稳便，可惜他徒自坏心。

【译文】

做好事帮助他人，他人因此而得到安逸保全，自己也会感到十分愉快。使用奸计，费尽心力去图谋，事情也未必就能稳当便利，只可惜他奸计不成，徒然拥有坏心肠。

【原文】

不镜于水，而镜于人，则吉凶可鉴也；不蹶于山，而蹶于垤，则细微宜防也。

【译文】

如果不以水为镜，而以人为镜来反照自己，那么，许多事情的吉凶祸福便可以明白了。在高山上不易跌倒，在小土堆上却易跌倒，由此可知，愈是细微小事，愈要谨慎小心。

【原文】

凡事谨守规模，必不大错；一生但足衣食，便称小康。

【译文】

凡事只要谨慎地守着一定的规则与模式，总不致于出什么大的差错。一辈子只要衣食无忧，家境便可算是自给自足了。

【原文】

十分不耐烦，乃为人大病；一味学吃亏，是处事良方。

【译文】

对人对事不能忍受麻烦，是一个人最大的缺点。对任何事情都能抱着可吃亏的态度，便是处理事情最好的方法。

【原文】

习读书之业，便当知读书之乐；存为善之心，不必邀为善之名。

【译文】

把读书当作是终生事业的人，就该懂得由读书中得到乐趣。抱着做善事之心的人，不必要求得"善人"的名声。

【原文】

知往日所行之非,则学日进矣;见世人可取者多,则德日进矣。

【译文】

知道自己过去有做得不对的地方,那么学问就能日渐充实。看到他人可学习的地方很多,自己的道德也必定能逐日增进。

【原文】

敬他人,即是敬自己;靠自己,胜于靠他人。

【译文】

敬重他人,便是敬重自己;依赖他人,倒不如靠自己去努力。

【原文】

见人善行,多方赞成;见人过举,多方提醒,此长者待人之道也。闻人誉言,加意奋勉;闻人谤语,加意警惕,此君子修己之功也。

【译文】

见到他人有良善的行为,多多地去赞扬他;见到他人有过失的行为,也能多多地去提醒他,这是年纪大的人待人处世的道理。听到他人对自己有赞美的言语,就更加勤奋勉励;听到他人毁谤自己的话,要更加留意自己的言行,这是有道德的人修养自己的功夫。

【原文】

奢侈足以败家;悭吝亦足以败家。奢侈之败家,犹出常情;

而悭吝之败家，必遭奇祸。庸愚足以覆事；精明亦足以覆事。庸愚之覆事，犹为小咎；而精明之覆事，必见大凶。

【译文】

浪费足以使家道颓败，吝啬也一样会使家道颓败。浪费而败家，有常理可循，往往可以预料；而吝啬的败家，却常常是遭受了意想不到的灾祸。愚笨足以使事情失败，而太过精明能干亦足以使事情失败。愚笨的人坏事，只是个小过失；精明的人坏事，事情就很严重了。

【原文】

种田人，改习尘市生涯，定为败路；读书人，干与衙门词讼，便入下流。

【译文】

种田的人，改学做生意，一定会失败；读书人，若是成了专门替人打官司的人，品格便日趋下流。

【原文】

常思某人境界不及我，某人命运不及我，则可以自足矣；常思某人德业胜于我，某人学问胜于我，则可以自惭矣。

【译文】

常想到有些人的处境和地位不如自己，有些人的命运也比自己差，便可以知足。常想到有些人的品德比我高尚，某人的学问也比我渊博，便应该感到惭愧。

【原文】

读论语公子荆一章，富者可以为法；读论语齐景公一章，贫者可以自兴。舍不得钱，不能为义士；舍不得命，不能为忠臣。

【译文】

  读《论语·子路篇》公子荆那一章，可以让富有的人效法；读《论语·季氏篇》有关齐景公那一章，贫穷的人可以为之而奋发。如果舍不得金钱，不可能成为义士；舍不得性命，就不可能成为忠臣。

【原文】

富贵易生祸端，必忠厚谦恭，才无大患；衣禄原有定数，必节俭简省，乃可久延。

【译文】

财富与显贵，都容易招来祸害，一定要诚实宽厚地待人，谦虚恭敬地自处，才不会发生灾祸。一个人一生的福禄都有定数，一定要节用俭省，才能使福禄更长久。

【原文】

作善降祥，不善降殃，可见尘世之间，已分天堂地狱；人同此心，心同此理，可知庸愚之辈，不隔圣域贤关。

【译文】

做好事得到好报，做恶事得到恶报，由此可见，不必等到来世，在人间便能见到天堂与地狱的分别了。人的心是相同的，心中具有的理性也是相通的，由此可知，愚笨平庸的人，并不被拒绝在圣贤的境地之外。

【原文】

和平处事，勿矫俗以为高；正直居心，勿设机以为智。

【译文】

为人处世要心平气和，不要故意违背习俗，自鸣清高；平日存心要公正刚直，不要设计机巧，自认为聪明。

【原文】

君子以名教为乐，岂如嵇阮之逾闲；圣人以悲悯为心，不取沮溺之忘世。

【译文】

读书人应该以钻研圣人之教为乐事，怎能像嵇康、阮籍等人，逾越轨范，恣意放荡？圣人抱着悲天悯人之胸怀，关心民生的疾苦，并不效法长沮、桀溺的避世独居，不理世事。

【原文】

纵容子孙偷安，其后必至耽酒色而败门庭；专教子孙谋利，其后必至争赀财而伤骨肉。

【译文】

放纵子孙只图取眼前的逸乐，子孙以后一定会沉迷于酒色，败坏门风。专门教子孙谋求利益，子孙必定会因争夺财产而彼此伤害。

【原文】

谨守父兄教条，沉实谦恭，便是醇潜子弟；不改祖宗成法，忠厚勤俭，定为悠久人家。

【译文】

谨慎地遵守父兄的教诲，待人笃实谦虚，就是一个敦厚的好子弟。不擅自删改祖宗留下来的教训和做人做事的方法，能厚道勤朴地持家，家道必能历久不衰。

【原文】

莲朝开而暮合，至不能合，则将落矣；富贵而无收敛意者，尚其鉴之。草春荣而冬枯，至于极枯，则又生矣；因穷而有振兴志者，亦如是也。

【译文】

　　莲花早晨开放，到夜晚便合起来，到了不能再合起来时，就是要枯落的时候了。富贵而不知收敛的人，最好能够看到这一点，从而知道收敛。春天时，草木长得很茂盛，到冬天就干枯了，等枯萎到极处时，又到了草木再度发芽的春天了。身处穷困的境地而有志奋起的人，也应当以这一点自我勉励。

【原文】

伐字从戈，矜字从矛，自伐自矜者，可为大戒；仁字从人，义（義）字从我，讲人讲义者，不必远求。

【译文】

伐字的右边是"戈"，矜字的左边是"矛"，戈、矛都是兵器，有杀伤之意；从这两个字，自夸自大的人可以得到极大的警惕。仁字的左边是"人"，义字的下面是"我"，可见要讲仁义，并不在远处，只要有人有我的地方，就可以实行。

【原文】

家纵贫寒，也须留读书种子；人虽富贵，不可忘稼穑艰辛。

【译文】

纵使家境贫困，也要让子孙读书；虽然是个富贵人家，也不可忘记耕种收获的辛劳。

【原文】

俭可养廉，觉茅舍竹篱，自饶清趣；静能生悟，即鸟啼花落，都是化机。一生快活皆庸福，万种艰辛出伟人。

【译文】

勤俭可以修养一个人廉洁的品性，就算住在竹篱围绕的茅屋，也有它清新的趣味。在寂静中，容易领悟到天地之间的道理，即使鸟儿鸣啼，花开花落，也都是造化的生机。能有一辈子快乐无愁的日子，这只不过是平凡人的福分；经历万种艰难困苦，才能成就一个伟人。

【原文】

济世虽乏赀财，而存心方便，即称长者；生资虽少智慧，而虑事精详，即是能人。

【译文】

虽然没有金钱财货帮助世人，但是，只要处处给人方便，便是一位有德的长者。虽然天生的资质不够聪明，但是，考虑事情却能处处清楚详细，就是一个能干的人。

【原文】

一室闲居，必常怀振卓心，才有生气；同人聚处，须多说切直话，方见古风。

【译文】

闲居一间屋子时，一定要时常怀着策励振奋的心志，才能显出活泼蓬勃的气象。和别人相处时，要多说实在而正直的话，才是古人处世的风范。

【原文】

观周公之不骄不吝，有才何可自矜；观颜子之若无若虚，为学岂容自足。门户之衰，总由于子孙之骄惰；风俗之坏，多起于富贵之奢淫。

【译文】

周公制礼作乐，是周朝的圣人，但是，他却不因为自己的才德，而对他人有骄傲和鄙吝的心。有才能的人，哪里可以自以为了不起呢？颜渊是孔子的得意门生,他却"有才若无,有德若虚",不断虚心学习。求学问哪里可以自以为满足呢?一个家族的衰败,总是由于子孙的骄傲懒惰;而社会风俗的败坏,多是由于大家过度的奢侈浮华。

【原文】

孝子忠臣,是天地正气所钟,鬼神亦为之呵护;圣经贤传,乃古今命脉所系,人物悉赖以裁成。

【译文】

孝子和忠臣,都是天地之间的浩然正气凝聚而成,所以连鬼神都加以爱惜保护。圣贤的经书典籍,是从古至今维系社会人伦的命脉,所有的忠臣、孝子、贤人、志士,都是靠着读圣贤书、效法圣贤的行为,而成为伟人的。

【原文】

饱暖人所共羡,然使享一生饱暖,而气昏志惰,岂足有为?饥寒人所不甘,然必带几分饥寒,则神紧骨坚,乃能任事。

【译文】

人人都羡慕吃得饱、穿得暖的生活,可是,就算一生都享尽物质饱暖的生活,而精神却昏昧怠惰,那又有什么作为呢?忍受饥寒是人们最不愿意的事,但是,饥寒却能策励人的志气,使人精神抖擞,骨气坚强,这样才能承担重任。

【原文】

愁烦中具潇洒襟怀,满抱皆春风和气;暗昧处见光明世界,此心即白日青天。

【译文】

在愁闷烦恼中,要具有豁达而无拘无束的胸怀,那么,心情便能如徐徐春风般一团和气。在昏暗不明的环境里,要能保有光明的心境,内心就能像青天白日般明亮无染。

【原文】

势利人装腔做调，都只在体面上铺张，可知其百为皆假；虚浮人指东画西，全不向身心内打算，定卜其一事无成。

【译文】

势利的人喜欢装模作样，只知道在表面上铺张，由此可以看透他所作所为都是虚假。不切实际的人言不及义，东拉西扯，完全不从自己的内心下工夫，可以料定他什么事都无法完成。

【原文】

不忮不求，可想见光明境界；勿忘勿助，是形容涵养功夫。

【译文】

由安贫知足，与世无争，不陷害别人，不贪取钱财的态度，可以看到一个人心境的光明。在涵养的功夫上，既不要忘记聚集道义以培养浩然正气，也不要因为正气不充足，就想尽办法帮助它生长。

【原文】

数虽有定，而君子但求其理，理既得，数亦难违；变固宜防，而君子但守其常，常无失，变亦能御。

【译文】

运数虽有一定，但君子只求所做的事合理，若能合理，运数也不会违背理数。凡事虽然应该防止意外，但君子如果能持守常道，只要常道不失去，再多的变化也能御防。

【原文】

和为祥气，骄为衰气，相人者不难以一望而知；善是吉星，恶是凶星，推命者岂必因五行而定。

【译文】

平和就是一种祥瑞之气，骄傲就是一种衰败之气，看相的人一眼就能看出来，并不困难。善良就是吉星，恶毒就是凶星，算命的人哪里需要按照五行论断吉凶呢？

【原文】

人生不可安闲，有恒业，才足收放心；日用必须简省，杜奢端，即以昭俭德。

【译文】

人活在世上不可闲逸度日，有了长久营生的事业，才能够将放失的本心收回。平常花费必须简单节省，杜绝奢侈的习性，正可以昭明节俭的美德。

【原文】

成大事功，全仗着秤心斗胆；有真气节，才算得铁面铜头。

【译文】

能够成大事立大功的人，完全靠着坚定的心志，以及远大的胆识。真正有气节的人，才可能铁面无私，不畏权势。

【原文】

但责己，不责人，此远怨之道也；但信己，不信人，此取败之由也。

【译文】

只责备自己,不责备他人,是远离怨恨的最好方法。只相信自己,不相信他人,是做事情失败的主要原因。

【原文】

无执滞心，才是通方士；有做作气，便非本色人。

【译文】

没有执着滞碍的心，才是通达事理的人。有矫揉造作的习气，便无法做真正的自己。

【原文】

耳目口鼻，皆无知识之辈，全靠者（俗作这）心作主人；身体发肤，总有毁坏之时，要留个名称后世。

【译文】

眼耳鼻口，都是不能够思想的东西，完全依赖这颗心来作为它们的主宰。身体毛发肌肤，在我们死后都会腐败毁损，总要留一个好名声让后人称颂。

【原文】

有生资，不加学力，气质究难化也；慎大德，不矜细行，形迹终可疑也。

【译文】

天生的资质很好，但如果不加以学习，脾气性情还是很难有所改进的。只在大行为上面留心谨慎，却在小节上不加以爱惜，到底让人对他的言行不能信任。

【原文】

世风之狡诈多端，到底忠厚人颠扑不破；末俗以繁华相尚，终觉冷淡处趣味弥长。

【译文】

世俗的风气愈来愈流于狡猾欺诈，但是，忠厚的人诚恳踏实，他们的稳重质朴，永远是众人行事的模范。近世的习俗愈来愈崇尚奢侈浮华，不过，还是寂静平淡的日子，更耐人寻味。

【原文】

能结交直道朋友，其人必有令名；肯亲近耆德老成，其家必多善事。

【译文】

能与行为正直的人交朋友，这样的人必然也会有很好的名声；肯向德高望重的人亲近求教，这样的家庭必然常常有好事。

【原文】

为乡邻解纷争，使得和好如初，即化人之事也；为世俗谈因果，使知报应不爽，亦劝善之方也。

【译文】

替乡里的邻居解决纷争，使他们和最初一样友好，这便是感化他人的事了。向世俗的人解说因果报应的事，使他们知道"善有善报，恶有恶报"的道理，这也是一种劝人为善的方法。

【原文】

发达虽命定，亦由肯做功夫；福寿虽天生，还是多积阴德。

【译文】

　　一个人的飞黄腾达,虽然是命运注定,却也是因为他肯努力。一个人的福分寿命,虽然是一生下来便有定数,还是要多做善事来积阴德。

【原文】

常存仁孝心，则天下凡不可为者，皆不忍为，所以孝居百行之先；一起邪淫念，则生平极不欲为者，皆不难为，所以淫是万恶之首。

【译文】

心中常抱着仁心、孝心，那么，天下任何不正当的行为，都不会忍心去做，所以，孝是一切行为中应该最先做到的。一个人心中一旦起了邪曲的淫恶念头，那么，平常很不愿意做的事，现在做起来一点也不困难，因此，淫心是一切恶行的开始。

【原文】

自奉必减几分方好，处世能退一步为高。

【译文】

对待自己，最好不要把自己侍候得太好；与世人相处，最好凡事能退一步想，才是聪明的做法。

【原文】

守分安贫，何等清闲，而好事者，偏自寻烦恼；持盈保泰，总须忍让，而恃强者，乃自取灭亡。

【译文】

能持守本分而安贫乐道，这是多么清闲自在的事，然而喜欢兴造事端的人，偏偏要自找烦恼。在事业极盛时，总要不骄不满，凡事忍让，才能保持长久不衰退，因此仗势欺人的人，等于是自取灭亡。

【原文】

人生境遇无常,须自谋一吃饭本领;人生光阴易逝,要早定一成器日期。

【译文】

人生中的环境和遭遇是没有一定的,自己一定要谋求足以养活自己的一技之长,才不致受困于环境。人的一生仅仅数十寒暑,很容易便逝去了,一定要及早订立远大的志向和目标,在一定的期限内使自己成为一个有用的人。

【原文】

川学海而至海,故谋道者不可有止心;莠非苗而似苗,故穷理者不可无真见。

【译文】

河川学习大海的兼容并蓄,最后终能汇流入海,也能容纳百川,所以,一个人追求学问与道德的心,也应该如此,永不止息。田里的莠草长得很像禾苗,可是它并不是禾苗,所以,深究事理的人不能没有真知灼见,否则便容易被蒙蔽。

【原文】

守身必谨严,凡足以戕吾身者宜戒之;养心须淡泊,凡足以累吾心者勿为也。

【译文】

持守节操必须十分谨慎严格,凡是足以损害自己操守的行为,都应该戒除。要以宁静寡欲涵养自己的心胸，凡是会使我们心灵疲惫不堪的事，都不要去做。

【原文】

人之足传，在有德，不在有位；世所相信，在能行，不在能言。

【译文】

一个人值得为人称道，在于他有高尚的德性，而不在于他有高贵的地位。世人所相信的，是那些凡事都能实践得很成功的人，并不是那些嘴里说得好听的人。

【原文】

与其使乡党有誉言，不如令乡党无怨言；与其为子孙谋产业，不如教子孙习恒业。

【译文】

与其让邻里对你称赞有加，不如能让乡里对你毫无抱怨。替子孙谋求田产财富，倒不如让他们学习可以长久谋生的事业。

【原文】

多记先正格言，胸中方有主宰；闲看他人行事，眼前即是规箴。

【译文】

多记先圣先贤立身处世的训辞，心中才会有正确的主见。旁观他人做事的得失，便可作为我们行事的法则。

【原文】

陶侃运甓官斋，其精勤可企而及也；谢安围棋别墅，其镇定非学而能也。

【译文】

晋代的名臣陶侃，在闲暇的时候，仍然运砖修习勤劳，这种精勤的态度，是我们做得到的。晋代名将谢安，在面临大敌时，仍然能和朋友从容不迫地下棋，这种镇定的功夫，就不是我们学得来的。

【原文】

但患我不肯济人,休患我不能济人;须使人不忍欺我,勿使人不敢欺我。

【译文】

只怕自己不肯去帮助他人,不怕自己的能力不够。应该使他人不忍心欺侮我,而不是因为畏惧我,所以才不敢欺侮我。

【原文】

何谓享福之人,能读书者便是;何谓创家之人,能教子者便是。

【译文】

什么是能享福的人呢?有书读且能从中得到慰藉的人就是。什么是善于建立家业的人呢?能够教育出好子弟的人就是。

【原文】

子弟天性未漓,教易入也,则体孔子之言以劳之(爱之能勿劳乎),勿溺爱以长其自肆之心。子弟习气已坏,教难行也,则守孟子之言以养之(中也养不中,才也养不才),勿轻弃以绝其自新之路。

【译文】

当子弟的天性尚未受到社会恶习感染,而变得浇漓时,教导他是不难的,因此应以孔子"爱之能勿劳乎"的方式去教导他,而不要太过分溺爱,增长他自我放纵的心。当子弟习性已经败坏,不易教导时,要依孟子"中也养不中，才也养不才"的方式教他，不要轻易地放弃，使他失去自新的机会。

【原文】

忠实而无才，尚可立功，心志专一也；忠实而无识，必至偾事，意见多偏也。

【译文】

如果一个人竭心尽力，虽没有什么才能，只要专心致志在工作上，还是可以立下一些功劳的。相反，如果一个人忠心卖力，却没有什么见识，必定会产生偏见，将事情弄砸。

【原文】

人虽无艰难之时，却不可忘艰难之境；世虽有侥幸之事，断不可存侥幸之心。

【译文】

人即使处在顺遂的环境中，也不可忘却人生还有逆境的存在。世上虽然偶然会有些意外收获的例子，但是心中不可抱着不劳而获的想法。

【原文】

心静则明，水止乃能照物；品超斯远，云飞而不碍空。

【译文】

心能寂静则自然明澈，就像静止的水能倒映事物一般；品格高超便能远离物累，就像浮云飘过后的天空也能一览无遗一般。

【原文】

清贫乃读书人顺境,节俭即种田人丰年。

【译文】

对于读书人而言,清高而安贫才是顺遂的日子;而对于种田的人而言,只要省吃俭用,就是丰收的年头。

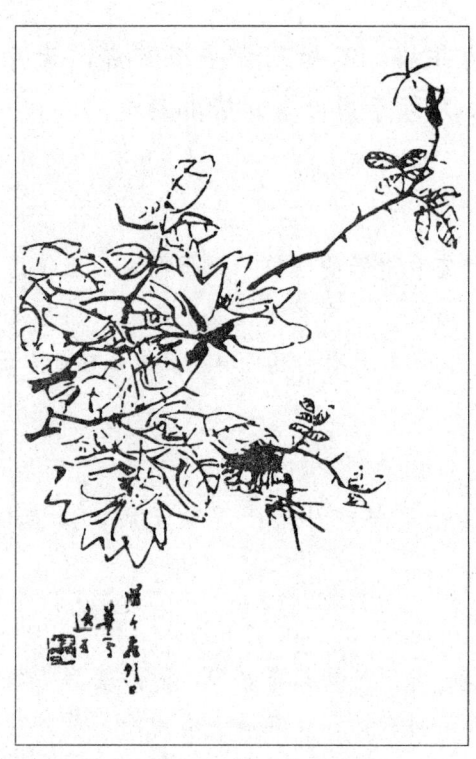

【原文】

正而过则迂，直而过则拙，故迂拙之人，犹不失为正直。高或入于虚，华或入于浮，而虚浮之士，究难指为高华。

【译文】

做人太过方正则容易不通世故，行事太过直率则显得有些笨拙，但这两种人还不失为正直的人。理想太高有时会成为空想，重视华美有时会成为不实，这两种人到底不能成为真正高明美好的人。

【原文】

人知佛老为异端，不知凡背乎经常者，皆异端也；人知杨墨为邪说，不知凡涉于虚诞者，皆邪说也。

【译文】

人们都认为佛家和老子的学说不同于儒家的正统思想，然而却不知凡是于常理有所不合的，都有背于儒家思想。人们都知道杨朱和墨子的学说是旁门左道，却不知只要内容荒诞虚妄的，都是不正确的学说。

【原文】

图功未晚，亡羊尚可补牢；浮慕无成，羡鱼何如结网。

【译文】

想要有所成就，任何时候都不嫌晚，因为就算羊跑掉了，及早修补羊圈，事情还是可以补救的。羡慕是没有用的，希望得到水中的鱼，不如尽快地结网。

【原文】

道本足于身，切实求来，则常若不足矣；境难足于心，尽行放下，则未有不足矣。

【译文】

真理原本就存在于我们的本性之中，充实而无所缺乏，如果还不断地追求，仍然会感到不足。外在的事物很难令人心中的欲望满足，倒不如全然放下，那么也就不会觉得不足了。

【原文】

读书不下苦功，妄想显荣，岂有此理？为人全无好处，欲邀福庆，从何得来？

【译文】

读书若没有下功夫苦读，却非分地想要显达荣耀，天下哪里有这种道理呢？做人对他人毫无好处，却妄想得到福分和喜事，问题是没有付出，这些福分根本无处生起，要从哪里得来呢？

【原文】

才觉己有不是，便决意改图，此立志为君子也；明知人议其非，偏肆行无忌，此甘心为小人也。

【译文】

刚觉得自己有什么地方做得不对，便毫不犹豫地改正，这就是立志成为一个正人君子的做法。明明知道有人在议论自己的缺点，仍不反省改过，反而肆无忌惮地为所欲为，这便是自甘堕落的行为。

【原文】

淡中交耐久,静里寿延长。

【译文】

在平淡之中交往的朋友,往往能维持很久。而在平静中度日,寿命必定绵长。

【原文】

凡遇事物突来，必熟思审处，恐贻后悔；不幸家庭衅起，须忍让曲全，勿失旧欢。

【译文】

遇到突发的事情，一定要仔细地思考，慎重地处理，以免事后反悔；家中不幸起了瑕隙，必须尽量忍让，委曲求全，不要使过去的情感破坏无遗。

【原文】

聪明勿使外散，古人有纩以塞耳，疏以蔽目者矣；耕读何妨兼营，古人有出而负耒，入而横经者矣。

【译文】

聪明的人要懂得收敛，古人曾有用棉花塞耳、以帽饰遮眼掩饰自己聪明的举动。耕种和读书可以兼顾，古人曾有日出扛着农具去耕作、日暮手执经书阅读的行为。

【原文】

身不饥寒，天未曾负我；学无长进，我何以对天。

【译文】

身体没有受到饥饿寒冷的痛苦，这是上天不曾亏待我；若是我的学问无所增长进步，我有何颜面去面对上天呢？

【原文】

不与人争得失，惟求己有知能。

【译文】

不和他人争名利上的成功或失败,只求自己在做事之时增长智慧与能力。

【原文】

为人循矩度,而不见精神,则登场之傀儡也;做事守章程,而不知权变,则依样之葫芦也。

【译文】

如果为人只知依着规矩做事,而不知规矩的精神所在,那么就和戏台上的木偶没有两样;做事如果只知墨守成规,而不知通权达变,那么只不过是照样模仿罢了。

【原文】

山水是文章化境,烟云乃富贵幻形。

【译文】

文章就如同山水一般,是幻化境界;而富贵就如同烟云一样,是虚无的影象。

【原文】

郭林宗为人伦之鉴,多在细微处留心;王彦方化乡里之风,是从德义中立脚。

【译文】

郭太鉴察伦常的道理,往往在人们不易注意之处留意;而王烈教化乡里的风气，总是以道德和正义为根本。

【原文】

天下无憨人，岂可妄行欺诈；世上皆苦人，何能独享安闲。

【译文】

天下没有真正的笨人，哪里可以任意地去欺侮诈骗他人呢？世上大部分人都在吃苦，我怎能独自安享闲适的生活呢？

【原文】

甘受人欺，定非懦弱；自谓予智，终是糊涂。

【译文】

甘愿受人欺侮的人，一定不是懦弱的人；自认为聪明的人，终究是糊涂的人。

【原文】

漫夸富贵显荣，功德文章，要可传诸后世；任教声名煊赫，人品心术，不能瞒过史官。

【译文】

只知夸耀财富和地位，也该有值得留于后代的功业或文章才是。尽管声名显赫，个人的品行和居心是无法欺骗记载历史的史官的。

【原文】

神传于目，而目则有胞，闭之可以养神也；祸出于口，而口则有唇，阖之可以防祸也。

【译文】

人的精神往往由眼睛来传达，而眼睛则有上下眼皮，合起来可以养精神。祸事往往由说话造成，而嘴巴明明有两片嘴唇，闭起来就可以避免闯祸。

【原文】

富家惯习骄奢，最难教子；寒士欲谋生活，还是读书。

【译文】

有钱人习惯奢华自大,要教导孩子便成为困难的事;贫穷的读书人想要过生活,还是要靠读书。

【原文】

人犯一苟字,便不能振;人犯一俗字,便不可医。

【译文】

人只要有了随便的毛病,这个人便无法振作了。一个人的心性只要流于俗气,就是良药也救不了了。

【原文】

有不可及之志,必有不可及之功;有不忍言之心,必有不忍言之祸。

【译文】

一个人有旁人所不能及的志向,必然能建立旁人所不能及的功业。对人对事发现错误而不忍心去指责、纠正,那么必然会因为不忍心去说而造成祸害。

【原文】

事当难处之时,只让退一步,便容易处矣;功到将成之候,若放松一着,便不能成矣。

【译文】

事情遇到了困难,只要能够退一步想,便不难处理了。一件事将要成功之时，只要稍有懈怠疏忽，便不能成功了。

【原文】

无财非贫，无学乃为贫；无位非贱，无耻乃为贱；无年非夭，无述乃为夭；无子非孤，无德乃为孤。

【译文】

没有钱财不算贫穷，没有学问才是真正的贫穷；没有地位不算卑下，没有羞耻心才是真正的卑下；活不长久不算短命，没有值得称述的事才算短命；没有儿子不算孤独，没有道德才是真正的孤独。

【原文】

知过能改，便是圣人之徒；恶恶太严，终为君子之病。

【译文】

能知道自己的过错而加以改正，那么便是圣人的门徒；攻击恶人太过严厉，终会成为君子的过失。

【原文】

士必以诗书为性命，人须从孝弟立根基。

【译文】

读书人必须把读书作为安身立命的根本；为人要在孝悌上打下基础。

【原文】

德泽太薄，家有好事，未必是好事，得意者何可自矜；天道最公，人能苦心，断不负苦心，为善者须当自信。

【译文】

　　自身品德不高，恩泽不厚，即使家中有好事降临，未必真是幸运，得意的人哪里可以自认为了不起呢？上天是最公平的，人能尽心尽力，一定不会白费，做好事的人尤其要有自信。

【原文】

把自己太看高了，便不能长进；把自己太看低了，便不能振兴。

【译文】

若将自己评估得过高，便不会再求进步；而把自己评估得太低，便会失去振作的信心。

【原文】

古今有为之士，皆不轻为之士；乡党好事之人，必非晓事之人。

【译文】

自古以来，凡有所作为的人，绝不是那种轻率答应事情的人。在乡里中，凡是好管闲事的人，往往是什么事都不甚明白的人。

【原文】

偶缘为善受累，遂无意为善，是因噎废食也；明识有过当规，却讳言有过，是讳疾忌医也。

【译文】

偶尔因为做善事受到连累，便不再行善，这就好比曾被食物哽在喉咙，从此不再进食一般。明明知道有过失应当纠正，却因忌讳而不肯承认，这就如同生病怕人知道而不肯去看医生一样。

【原文】

宾入幕中，皆沥胆披肝之士；客登座上，无焦头烂额之人。

【译文】

凡被自己视同可信任的朋友而与之商量事情的人,一定是与自己能相互竭尽忠诚的人。能够被自己当作朋友,在心中有一席之地的人,必然不是一个言行有缺失的人。

【原文】

地无余利,人无余力,是种田两句要言;心不外驰,气不外浮,是读书两句真诀。

【译文】

地要竭尽所用,不能浪费;人要全力耕种,不可偷懒,这是种田要谨记的两句话。心要不向外奔;气要不向外散,这是读书的两句诀窍。

【原文】

成就人才,即是栽培子弟;暴殄天物,自应折磨儿孙。

【译文】

培植有才能的人,使他有所成就,就是教育培养自己的子弟。不知爱惜物力而任意浪费东西,自然使儿孙未来受苦受难。

【原文】

和气迎人,平情应物;抗心希古,藏器待时。

【译文】

以祥和的态度去和人交往,以平等的心情去应对事物。以古人的高尚心志自相期许,守住自己的才能以等待可用的时机。

【原文】

矮板凳,且坐着;好光阴,莫错过。

【译文】

这小小的板凳,暂且坐着吧!人有许多美好的时光,不要让它偷偷溜走了呀!

【原文】

天地生人，都有一个良心；苟丧此良心，则其去禽兽不远矣。圣贤教人，总是一条正路；若舍此正路，则常行荆棘之中矣。

【译文】

人生于天地之间，都有天赋的良知良能，如果失去了它，就和禽兽无异。圣贤教导众人，总会指出一条平坦的大道，如果放弃这条路，就会走在困难的境地中。

【原文】

世之言乐者，但曰读书乐，田家乐。可知务本业者，其境常安。古之言忧者，必曰天下忧，廊庙忧。可知当大任者，其心良苦。

【译文】

世人说到快乐之事，都只说读书的快乐和田园生活的快乐。由此可知只要就自身的工作去努力，便是最安乐的境地。古人说到忧心之处，一定都是忧天下苍生疾苦，以及忧朝廷政事清明。由此可知身负重任的人，真是用心甚苦。

【原文】

天虽好生，亦难救求死之人；人能造福，即可邀悔祸之天。

【译文】

上天虽然希望万物都充满生机，却也无法救那种一心不想活的人。

人如果能自求多福，就可使原本将要发生的灾祸不再发生，就像得到了上天的赦免一般。

【原文】

薄族者，必无好儿孙；薄师者，必无佳子弟，君所见亦多矣。恃力者，忽逢真敌手；恃势者，忽逢大对头，人所料不及也。

【译文】

苛待族人的人，必定没有好的后代；不尊重师长的人，也不会有优秀的子弟，这种情形大家见过许多了。以为自己力气大，而以力欺人的，必会遇上比他力气更大的人；而凭仗权势压榨他人的，也会遇到足以压过他的人，这都是人想不到的事。

【原文】

为学不外静敬二字，教人先去骄惰二字。

【译文】

求学问不外乎"静"和"敬"两个字。要教导他人，首先要去掉"骄"和"惰"两个毛病。

【原文】

人得一知己，须对知己而无惭；士既多读书，必求读书而有用。

【译文】

人难得有一个知己，在面对知己时应该毫无惭愧之处；读书人既然读了很多书，总要将学问用之于世，才不枉然。

【原文】

以直道教人，人即不从，而自反无愧，切勿曲以求容也；以诚心待人，人或不谅，而历久自明，不必急于求白也。

【译文】

以正直的道理去教导他人，即使他不听从，只要我问心无愧，千万不要委曲求全，于理有损。以诚恳的心对待他人，他人或者因为不能了解而有所误会，日子久了他自然会明白你的心意，不须急着去向他辩解。

【原文】

粗粝能甘,必是有为之士;纷华不染,方称杰出之人。

【译文】

能够粗服劣食而欢喜受之不弃,必然是有作为的人;能够对声色荣华不着于心的人,才能称作优秀特殊的人。

【原文】

性情执拗之人,不可与谋事也;机趣流通之士,始可与言文也。

【译文】

性情十分固执而又乖戾的人,往往无法和他一起商量事情。只有天性趣味活泼无碍的人,我们才可以和他谈论文学之道。

【原文】

不必于世事件件皆能,惟求与古人心心相印。

【译文】

对于世间种种事情不必样样都知道得很清楚,但是一定要对古人的心意彻底了解而心领神会。

【原文】

夙夜所为,得毋抱惭于衾影;光阴已逝,尚期收效于桑榆。

【译文】

每天早晚的所作所为,没有一件是暗中想来有愧于心的。人生的光阴虽然已经逝去,但是总希望在晚年能看到自己一生的成就。

【原文】

念祖考创家基,不知栉风沐雨,受多少苦辛,才能足食足衣,以贻后世;为子孙计长久,除却读书耕田,恐别无生活,总期克勤克俭,毋负先人。

【译文】

祖先创立家业,不知受过多少艰辛,经过多少努力,才能够衣食暖饱,留下财产给后代子孙。若要为子孙作长久的打算,除了读书和耕田外,恐怕就没有别的了,总希望他们能勤俭生活,不要辜负了先人的辛劳。

【原文】

但作里中不可少之人,便为于世有济;必使身后有可传之事,方为此生不虚。

【译文】

成为乡里中不可缺少的人,就是对社会有所贡献了。在死后有足以为人称道的事,这一生才算没有虚度。

【原文】

齐家先修身,言行不可不慎;读书在明理,识见不可不高。

【译文】

治理家庭首先要将自己治理好,在言行方面一定要处处谨慎无失。读书的目的在明达事理,一定要使自己的见识高超而不低劣。

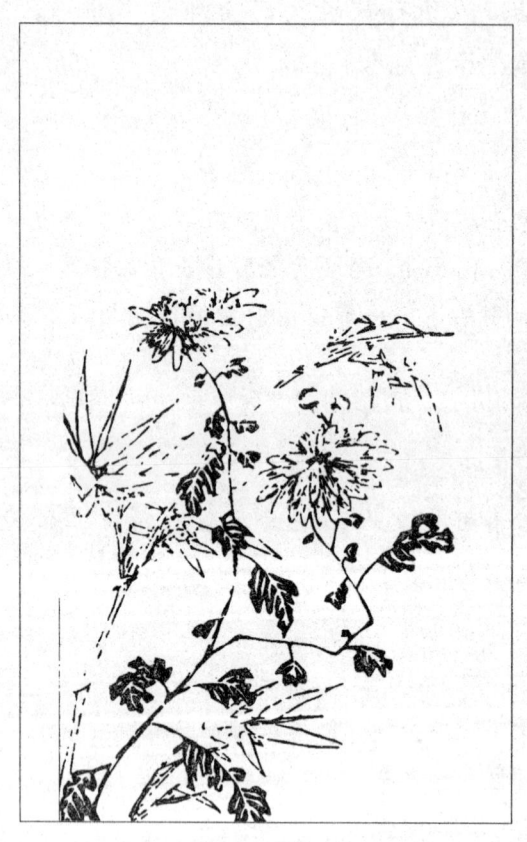

【原文】

　　桃实之肉暴于外，不自吝惜，人得取而食之；食之而种其核，犹饶生气焉，此可见积善者有余庆也。栗实之肉秘于内，深自防护，人乃剖而食之；食之而弃其壳，绝无生理矣，此可知多藏者必厚亡也。

【译文】

　　桃子的果肉暴露在外，毫不吝啬于给人食，因此人们在取食之后，会将果核种入土中，使其生生不息，由此可见多做善事的人，自然会有遗及子孙的德泽。栗子的果肉深藏在壳内，好像尽力在保护一般，人们必须用刀剖开才能吃它，吃完了再将壳丢弃，因此无法生根发芽，由此亦可明白凡是吝于付出的人，往往是自取灭亡。

【原文】

　　求备之心，可用之以修身，不可用之以接物；知足之心，可以用之以处境，不可以用之以读书。

【译文】

　　追求完备的想法，可以用在自身的修养上，却不可用在待人接物上。容易满足的心理，可以用在对环境的适应上，却不可以用在读书求知上。

【原文】

　　有守虽无所展布，而其节不挠，故与有猷有为而并重；立言即未经起行，而于人有益，故与立功立德而并传。

【译文】

能谨守道义而不变节,虽然对道义并无推展之功,却有守节不屈之志,所以和有贡献、有作为是同等重要的。在文字上宣扬道理,虽然并未以行动加以表现,但是已使闻而信者得到利益,因此和直接建立事业、功德是同样不朽而为人所传颂的。

【原文】

遇老成人,便肯殷殷求教,则向善必笃也;听切实话,觉得津津有味,则进德可期也。

【译文】

遇到年老有德的人,便热心地向他请求教诲,那么这个人向善之心必定十分深重。听到实在的话语,便觉得十分有滋味,那么这个人德业的进步是可以料想得到的。

【原文】

有真性情,须有真涵养;有大识见,乃有大文章。

【译文】

要有至真无妄的性情,一定先要有真正的修养才能达到;要写出不朽的文章,首先要有不朽的见识。

【原文】

为善之端无尽,只讲一让字,便人人可行;立身之道何穷,只得一敬字,便事事皆整。

【译文】

　　行善的方法是无穷的,只要能讲一个"让"字,人人都可以做得到。处世的道理何止千百,只要做到一个"敬"字,就能使所有的事情整顿起来。

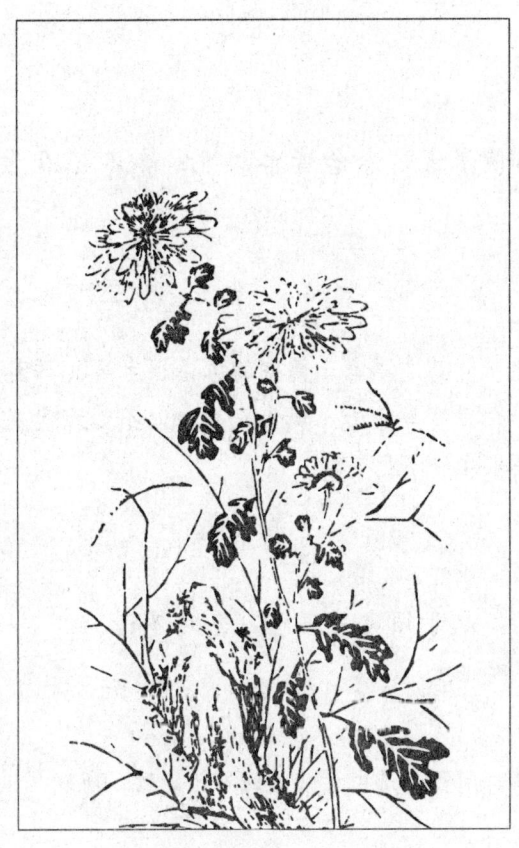

【原文】

自己所行之是非，尚不能知，安望知人？古人已往之得失，且不必论，但须论己。

【译文】

自己的行为举止是对是错，还不能确实知道，哪里还希望知道他人的对错呢？过去古人所做的事是得是失，暂且不要讨论，重要的是先要明白自己的得失。

【原文】

治术必本儒术者，念念皆仁厚也；今人不及古人者，事事皆虚浮也。

【译文】

治理国家之所以必定要本于儒家的方法，主要的原因乃在于儒家的治国之道都出于仁爱宽厚之心。现代人之所以不如古代人，乃在于现代人所做的事都不实在、不稳定。

【原文】

莫之大祸，起于须臾之不忍，不可不谨。

【译文】

再大的祸事，起因都是由于一时的不能忍耐，所以凡事不可不谨慎。

【原文】

家之长幼，皆倚赖于我，我亦尝体其情否也？士之衣食，皆取资于人，人亦曾受其益否也？

【译文】

家中的老小都依靠自己生活，自己是否曾去体会他们心中的情感和需要呢？读书人在衣食上完全凭着他人的生产来维持，是否曾让他人也由他那里得到些益处呢？

【原文】

富不肯读书，贵不肯积德，错过可惜也；少不肯事长，愚不肯亲贤，不祥莫大焉！

【译文】

在富有的时候不肯好好读书，在显贵的时候不能积下德业，错过了这宝贵可为之时实在可惜。年少的时候不肯敬奉长辈，愚昧却又不肯向贤人请教，这是最不吉的预兆！

【原文】

自虞廷立五伦为教，然后天下有大经；自紫阳集四子成书，然后天下有正学。

【译文】

自从舜令契为司徒，教百姓以五伦，天下自此才有不可变易的人伦大道；自从朱熹集《论语》《孟子》《大学》《中庸》为四书，天下才确立了足为一切学问奉为圭臬的中正之学。

【原文】

意趣清高，利禄不能动也；志量远大，富贵不能淫也。

【译文】

　　心意志趣清雅高尚的人,金钱和禄位是无法变易其心志的。志气广阔高远的人,即使身在富贵也不会迷乱心志而陷溺其中。

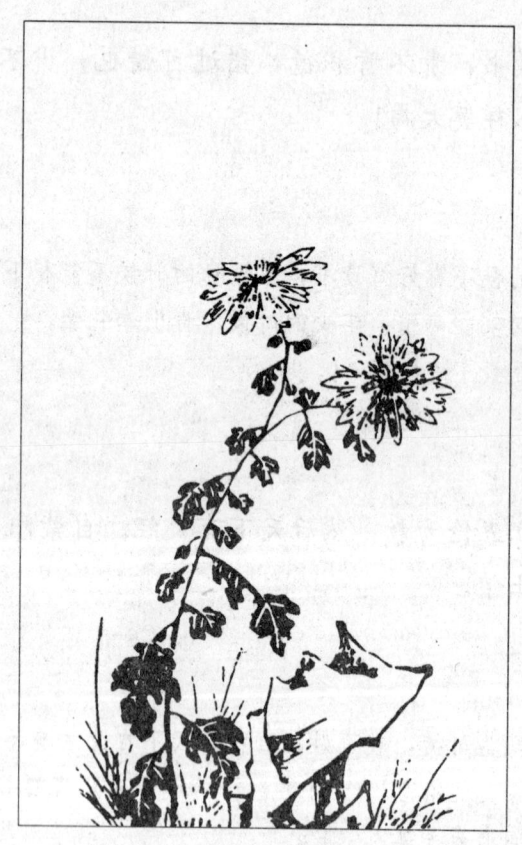

【原文】

最不幸者，为势家女作翁姑；最难处者，为富家儿作师友。

【译文】

最不幸的事，莫过于做有财有势人家女儿的公婆。最难以相处的，就是做富有人家子弟的教师和朋友。

【原文】

钱能福人，亦能祸人，有钱者不可不知；药能生人，亦能杀人，用药者不可不慎。

【译文】

钱能为人造福，也能带来祸害，有钱的人一定要明了这一点。药能够救人，也能够杀人，用药的人不能不谨慎。

【原文】

凡事勿徒委于人，必身体力行，方能有济；凡事不可执于己，必集思广益，乃罔后艰。

【译文】

不要凡事都依赖他人，必须亲自去做，才能对自己有帮助。也不要事事只凭自己的意思去做，最好参考大家的意见和智慧，免得后来突然遇到不能克服的困难。

【原文】

耕读固是良谋，必工课无荒，乃能成其业；仕宦虽称贵显，若官箴有玷，亦未见其荣。

【译文】

耕种读书并重固然是个好办法，总要在求学上不致荒怠，才能成就功业。做官虽然富贵显达，但是如果为官而有过失，也不见得是光荣。

【原文】

儒者多文为富，其文非时文也；君子疾名不称，其名非科名也。

【译文】

读书人的财富便是文章多，然而并不是指一些应付考试的文章；有德的人担忧死后名声不能为人称道，这个名不是指科举之名。

【原文】

博学笃志，切问近思，此八字是收放心的功夫；神闲气静，智深勇沉，此八字是干大事的本领。

【译文】

广博地去吸收学问，维持志向的坚定，切实向人请教，并仔细地思考，这是追求学问的重要功夫；心神安详，气不浮躁，拥有深刻的智慧和沉毅的勇气，这是做大事所必须具备的主要能力。

【原文】

何者为益友？凡事肯规我之过者是也；何者为小人？凡事必徇己之私者是也。

【译文】

哪一种朋友才算是益友呢？凡遇到我做事有不对的地方肯规劝我的便是益友。哪一种人算是小人呢？凡遇到自己做错事，只会一味地因私利而偏袒自己过失的便是小人。

【原文】

待人宜宽，惟待子孙不可宽；行礼宜厚，惟行嫁娶不必厚。

【译文】

对待他人应该宽大，惟有对待子孙不可太宽大。礼节要周到，惟有在办婚事时不必大肆铺张。

【原文】

事但观其已然，便可知其未然；人必尽其当然，乃可听其自然。

【译文】

事情只要看它已经如何，便可推知它未来的发展；一个人要努力做到他的本分，其余的可以顺其自然地发展。

【原文】

观规模之大小，可以知事业之高卑；察德泽之浅深，可以知门祚之久暂。

【译文】

只要看规制法式的大小，便可以知道这项事业本身是宏大还是浅陋。

观察德被恩泽的深浅，便可以知道此人的家运是否能绵延长久。

【原文】

义之中有利，而尚义之君子，初非计及于利也；利之中有害，而趋利之小人，并不愿其为害也。

【译文】

在义行之中也会得到利益，这个利益是重视义理的君子始料所不及的。在谋利中也会有不利的事发生，这是一心求利的小人不愿得却得到的。

【原文】

小心谨慎者，必善其后，畅则无咎也；高自位置者，难保其终，亢则有悔也。

【译文】

凡是小心谨慎的人，事后必定谋求安全的方法，因为只要戒惧，必然不会犯下过错。凡是身居高位的人，很难维持长久，因为只要到达顶点，就会开始走下坡路。

【原文】

耕所以养生，读所以明道，此耕读之本原也，而后世乃假以谋富贵矣。衣取其蔽体，食取其充饥，此衣食之实用也，而时人乃藉以逞豪奢矣。

【译文】

耕种是为了糊口活命，读书是为了明白道理，这是耕种和读书的本意，然而后世却被人当作谋求富贵的手段。穿衣是为了遮羞，食物是为了充饥，衣食原本是为了实际上的需要而用，然而现在却被人用以夸示豪富奢华。

【原文】

人皆欲贵也，请问一官到手，怎样施行？人皆欲富也，且问万贯缠腰，如何布置？

【译文】

人都希望自己贵显，但是请问一旦做了官，要怎样去推行政务，改善人民的生活？人都希望自己富有，但是有没有想过，自己一旦挣下万贯家财，要如何将这些财富用到有益之处？